從 12 種版型學會做上衣裙子褲子

Blouse, Skirt & Pants Style Book

野中慶子　杉山葉子

瑞昇文化

c o n t e n t s

單品穿搭可以展現出各種不同的個性。市面上
的服裝款式雖然有形形色色，但在設計及布料
方面，是否經常會有略嫌不足的感覺呢？

因此，這次我們要把重點放在上衣和裙褲這些
單品項目（罩衫、裙、褲）上，以便能搭配自
己原有的服裝。為了讓穿搭變得更容易的同時，
也能彰顯出自己的獨特性格，我們將提出從基
礎乃至應用的設計提案。

即便是相同的設計款式，仍可單憑更換布料的
方式，創造出世界上絕無僅有的獨創服裝。另
外，還能憑藉著布料原有的質感，衍生出輕便
感或是正式感。

光靠這一本書，究竟能創造出多少服裝呢？當
哪天週遭的朋友問你，「那件罩衫是在哪裡買
的？」、「那件衣服哪裡有賣？」那便是我們
最大的希望。

Style 1
ROLL COLLAR BLOUSE

在前後衣身做出腰褶，使衣身曲線更合身。只要在背後做出開口（開襟），就不用擔心胸圍線過度緊繃。以圓袖和翻領做出俐落形象的罩衫。

Style 7
TIGHT SKIRT

從腰身到裙擺完全合身的窄裙。考量到步行的運動量，而增加了開叉和裙褶。與稍短的裙長之間的協調性是主要關鍵。

基本

應用 1

應用 **2**

應用 **3**

Style 1 ✳ ROLL COLLAR BLOUSE

後襟是從衣身開始銜接的貼邊。圓袖型的長袖則是在袖裡開口,並加上袖頭。最後在稍微挺立的翻領上綁上另外縫製的蝴蝶結,作為整體重點。

How to make ⇨ p.42

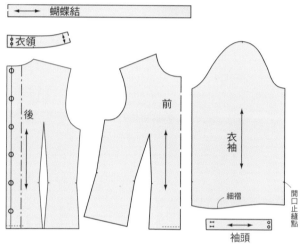

Style 7 ✳ TIGHT SKIRT

製成略低腰後打褶,脇邊線從臀圍線開始筆直朝下延伸。在後中心的下擺開叉,這就是基本款的窄裙。

How to make ⇨ p.66

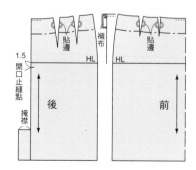

Style 1 ✳ ROLL COLLAR BLOUSE

在前中心做出纖細的裝飾褶。

●紙型的操作

在前中心裁開裝飾褶份,製作紙型。

How to make ⇨ p.43

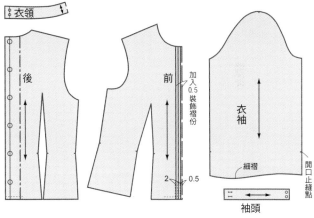

衣領

後　前

加入0.5裝飾褶份

2　0.5

衣袖

細褶

開口止縫點

袖頭

Style 7 ✳ TIGHT SKIRT

沒有腰褶,以6片接合片連接而成的多片裙。在前脇做出的假口袋,為整體的重點。

●紙型的操作

從腰圍加上拼接線,處理褶份。讓拼接線的下擺交叉,進一步做出脇邊線的下擺。

How to make ⇨ p.67

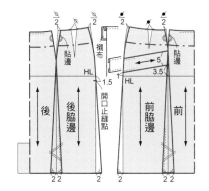

貼邊　襯布　貼邊

HL　5　3.5　HL　1.5　開口止縫點

後　後脇邊　前脇邊　前

2 2　2　2　2 2

應用 **2**

Style 1 ✳ ROLL COLLAR BLOUSE

將胸前製成剪接片 (Yoke)。
利用蕾絲布料做出正式風格
的設計。

●紙型的操作
從前片的肩線開始做出一條
延伸至褶止點的線，並將袖
襱底線連接，製作剪接片
(Yoke)。

How to make ⇨ **p.44**

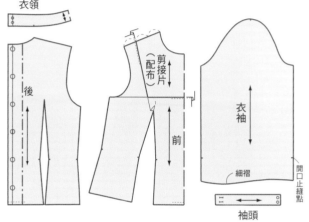

衣領

後

剪接片（配布）

前

衣袖

細褶

開口止縫點

袖頭

Style 7 ✳ TIGHT SKIRT

在裙子兩側加上裙褶的設計。

●紙型的操作
裁開應用 1 的拼接線位置，
加上裙褶份。

How to make ⇨ **p.68**

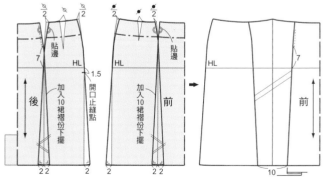

貼邊

7

HL

後

加入10裙褶份下擺

開口止縫點

1.5

貼邊

HL

加入10裙褶份下擺

前

HL

7

前

2 2   2   2   2 2   2

10

應用 **3**

Style 1 ✳ ROLL COLLAR BLOUSE

在前片加上腰繩，作為穿搭
重點。
●紙型的操作
裁掉袖長，增加袖頭的寬度。
腰繩採用直線剪裁。
How to make ⇨ **p.45**

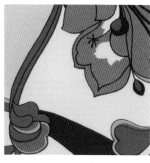

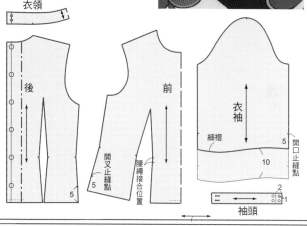

衣領

後　前

衣袖

細褶

開叉止縫點 5

腰繩接合位置

開口止縫點 5

10

2
1

袖頭

腰繩（兩條）

Style 7 ✳ TIGHT SKIRT

拼接下擺，用壓繡線加以裝
飾的設計。
●紙型的操作
進一步拼接應用 1 的下擺部
分，縫合中心和脇邊，製作
下擺的紙型。
How to make ⇨ **p.69**

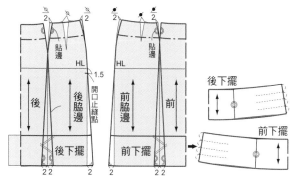

貼邊　貼邊

HL　HL

1.5

後　後脇邊　前脇邊　前

開口止縫點

後下擺　前下擺

2 2　2　2　2 2

後下擺

前下擺

Style **2**
SHIRT COLLAR BLOUSE

在腰圍加上細褶，藉此做出合身線條
的襯衫領罩衫。可透過布料或配件設
計出各種不同的變化。

Style **8**
WRAPPED SKIRT

在前方重疊，再用鈕扣加以固定的基
本款一片裙。一片裙通常給人輕便
的印象，但只要在整體採用窄版的曲
線，就可以看起來別具成熟韻味。

基本

應用 **1**

應用 **2**

應用 **3**

SHIRT COLLAR BLOUSE + WRAPPED SKIRT **11**

Style 2 ✳ SHIRT COLLAR BLOUSE

肩剪接片 (Yoke)、袖口採用
舌片開口的袖頭縫，前片邊
緣以前門襟收邊的基本襯衫
樣式的罩衫。

How to make ➪ p.46

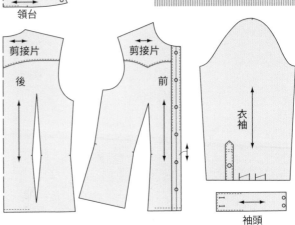

衣領

領台

剪接片　　　剪接片

後　　　前　　　衣袖

袖頭

Style 8 ✳ WRAPPED SKIRT

在腰圍打褶，脇邊線從臀圍
線開始筆直往下的窄版造型。
前面重疊上左右相同的紙型
後，再利用鈕扣加以固定。

How to make ➪ p.70

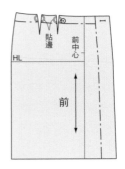

貼邊　　　貼邊　　前中心

HL　　　HL

後　　　前

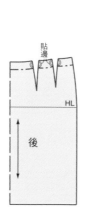

應用 **1**

Style 2 ✳ SHIRT COLLAR BLOUSE

拿掉衣身的剪接片 (Yoke)，並在前
門襟和袖口加上褶飾邊的設計。

●紙型的操作

衣身的褶飾邊和袖口褶飾邊的紙型
隨附在附錄中。

How to make ➪ **p.47**

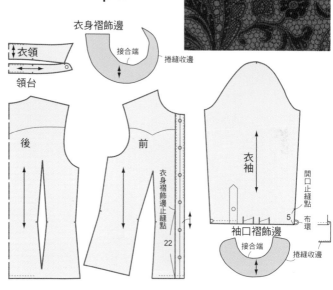

衣身褶飾邊
接合端
捲縫收邊
衣領
領台

後
前
衣身褶飾邊止縫點
22

衣袖
開口止縫點
5 布環
袖口褶飾邊
接合端
捲縫收邊

Style 8 ✳ WRAPPED SKIRT

●紙型的操作

從右前邊緣開始進行緞帶部分的製
圖。繪製接合在左前的扣環。

How to make ➪ **p.71**

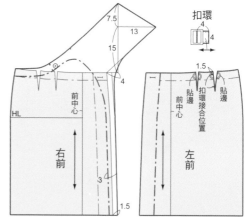

貼邊

後
HL

7.5
13
15
4
前中心
HL
右前
3
1.5

扣環
4
4
1.5
貼邊
扣環接合位置
前中心
貼邊
左前

Style 2 ✳ SHIRT COLLAR BLOUSE

將肩剪接片 (Yoke) 製成配布，
在袖襱重疊上 2 片褶飾邊的
罩衫。

●紙型的操作

將袖襱的脇邊往上，並加上
貼邊，製成無袖。袖褶飾邊
的紙型隨附在附錄中。

How to make ➪ **p.48**

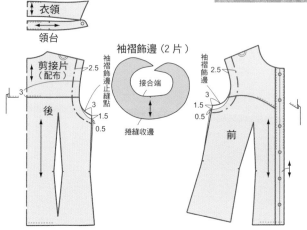

Style 8 ✳ WRAPPED SKIRT

在前片邊緣加上腰帶，將下前
端纏繞捲起後，綁上蝴蝶結。

●紙型的操作

進行腰帶的製圖。

How to make ➪ **p.72**

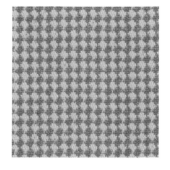

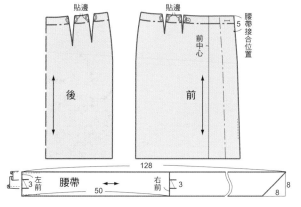

應用 **3**

Style 2 ✳ SHIRT COLLAR BLOUSE

將胸剪接片 (Yoke) 製成配布，
製作成半袖的泡泡袖。
●紙型的操作
前片要畫出剪接 (Yoke) 線。
袖子增加細褶份，並重新畫
出袖頭。
How to make ➭ **p.49**

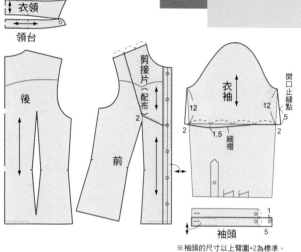

※袖頭的尺寸以上臂圍+2為標準。

Style 8 ✳ WRAPPED SKIRT

加上較寬的腰剪接片(Yoke)，
製作出半緊身的曲線。
●紙型的操作
用剪接片 (Yoke) 處理，並在
脇邊的下擺線從容地增加褶
份。進行後方口袋的製圖。
How to make ➭ **p.73**

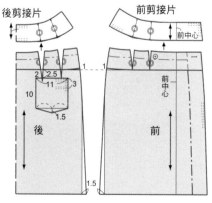

Style **3**

A-LINE BLOUSE

脇邊線從袖裡朝下擺變寬成 A 字形的
罩衫。沒有開襟的寬鬆款式，很適合
用來作為長版罩衫。

Style **9**

GATHER SKIRT

在腰圍穿過鬆緊帶的基本款細褶裙。
大量的細褶會因挑選的布料而產生不
同的變化。

基本

應用 **1**

應用 **2**

應用 **3**

A-LINE BLOUSE + GATHER SKIRT **17**

Style 3 ✻ A-LINE BLOUSE

將前片製成剪接片拼接，往下擺增加寬度的 A 字罩衫。把貼布接合於袖口後，穿過鬆緊帶，並抽縮細褶的可愛設計。

How to make ⇨ **p.50**

Style 9 ✻ GATHER SKIRT

從脇邊開始加寬至下擺的紙型。讓腰的部分稍微彎曲，以防止脇邊的下擺線往上拉。

How to make ⇨ **p.74**

Style 3 ✳ A-LINE BLOUSE

將領口稍微加大，並加上垂瀑領和喇叭袖、蝴蝶結腰帶的華麗設計。

●紙型的操作

將領口重新畫成圓形。袖子要將袖山部分仔細裁開。進行褶飾邊和蝴蝶結、袖頭的製圖。

How to make ⇨ p.51

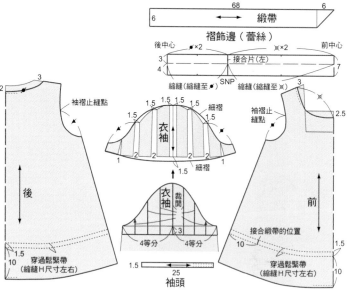

Style 9 ✳ GATHER SKIRT

採三段拼接，抽縮細褶的荷葉邊裙。

●紙型的操作

上層的腰圍部分採用含臀圍在內的尺寸。中層和下層要重新繪製，把 1.5 倍的細褶份納入。

How to make ⇨ p.75

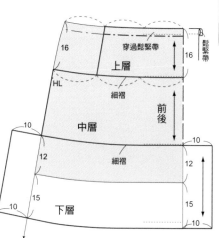

Style 3 ✳ A-LINE BLOUSE

在圓領的胸圍部分搭配上縮縫裝飾布的設計。

●紙型的操作

從紙型中裁出裝飾布、衣袖，並裁開各自的縮縫份和裙擺份後再重新製圖。

How to make ➪ **p.52**

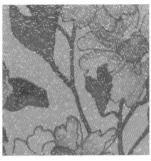

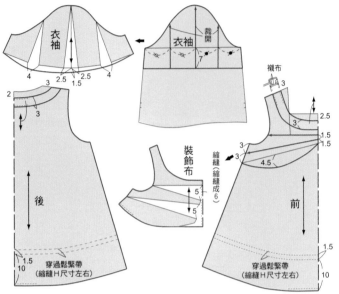

Style 9 ✳ GATHER SKIRT

錯開表和裡的脇邊線，加以縫合的花苞裙。

●紙型的操作

增加下擺的翻摺份，畫出襯裡的線。

在下擺表和下擺裡加上拼合記號。

How to make ➪ **p.76**

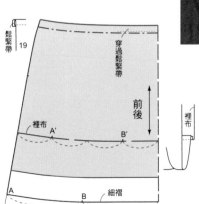

Style 3 ✴ A-LINE BLOUSE

2層重疊的喇叭袖，下擺也加上褶飾邊。

●紙型的操作

從紙型中裁出衣袖和下擺褶飾邊，並分別裁開各自的喇叭袖部分和褶飾邊部分後重新製圖。

How to make ⇨ **p.53**

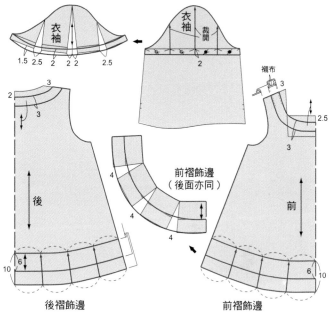

Style 9 ✴ GATHER SKIRT

在下擺穿過細繩，使裙擺縮攏的氣球風格設計。

●紙型的操作

細繩採直線裁剪。

How to make ⇨ **p.77**

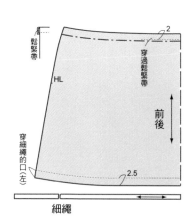

Style **4**
PONCHO BLOUSE

利用平面的紙型，寬鬆地包覆身體，
設計出以肩線為基點的喇叭袖民族風
罩衫。藉由肩線的改變，亦可營造出
不同的印象。

╋

Style **10**
WIDE PANTS

讓遮掩體型的寬鬆臀線直接伸展至下
擺的略寬版長褲。只要和短版上衣搭
配，就可以產生高腰、腳長的效果。

應用 **1**

基本

應用 2

應用 3

Style 4 ✳ PONCHO BLOUSE

利用鬆緊帶縮縫的方式，處理前後低腰位置的設計。前後領口和衣身的周圍使用裡布於表面。

How to make ⇨ p.54

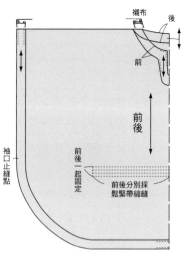

襯布　後
前
袖口止縫點
前後
前後一起固定
前後分別採
鬆緊帶縮縫

Style 10 ✳ WIDE PANTS

後腰圍打褶，前腰圍則有裝飾褶的寬鬆褲。

How to make ⇨ p.78

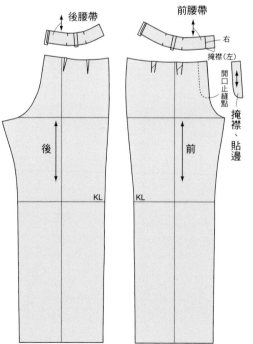

後腰帶　前腰帶
右
掩襟（左）
開口止縫點
掩襟、貼邊
後　前
KL　KL

Style 4 ＊ PONCHO BLOUSE

巧妙利用橫條紋圖樣的設計。
將肩縫份收邊於外表。

●紙型的操作

進行貼布的製圖。細繩要採
用直線裁剪。

How to make ⇨ p.55

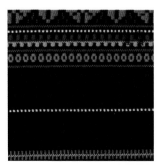

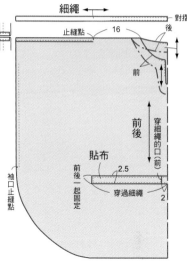

Style 10 ＊ WIDE PANTS

將褲長裁剪至膝蓋以下，並在脇邊
加上貼袋的輕便軍裝褲。

●紙型的操作

褲長裁剪至膝蓋以下，脇邊線從臀
圍開始筆直朝下，使下擺寬度變寬。
口袋要進行製圖。

How to make ⇨ p.79

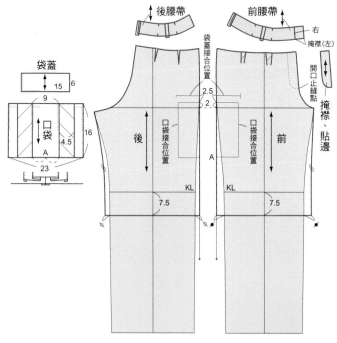

Style 4 ✱ PONCHO BLOUSE

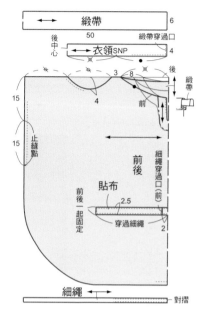

領口加上立領風格的領子，並在中間穿過緞帶。圓形挖空的肩膀部分是整體的重點所在。

●紙型的操作

大幅裁剪領口和肩線。進行衣領和緞帶的製圖，細繩則採直線裁剪。

How to make ⇨ p.56

Style 10 ✱ WIDE PANTS

腰部採用鬆緊帶的寬鬆輕便褲。

●紙型的操作

在前後的脅邊筆直向上，增加立檔。

How to make ⇨ p.80

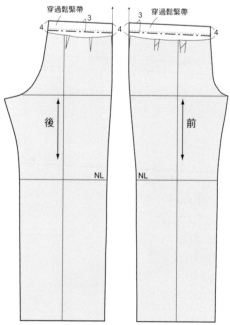

26 PONCHO BLOUSE ＋ WIDE PANTS

應用 **3**

Style 4 ＊ PONCHO BLOUSE

領口和袖口加上羅紋針織布的設計。瞬間改變了整體形象。
●紙型的操作
進行衣領和袖頭部分的羅紋針織布的製圖。袖頭的羅紋針織布是採銜接方式，所以要從尺寸中扣除追加上的部分。
How to make ⇨ p.57

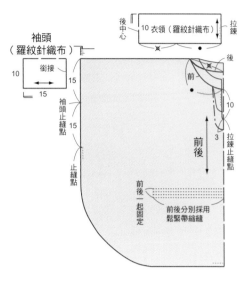

袖頭（羅紋針織布）

10 衣領（羅紋針織布）
後中心
拉鍊

10 銜接
15

15 袖頭止縫點

15 止縫點

後
前
10
3
拉鍊止縫點
前後
前後一起固定
前後分別採用鬆緊帶縮縫

Style 10 ＊ WIDE PANTS

褲長裁剪至膝蓋下，並在下擺加上羅紋針織布的燈籠褲設計。
●紙型的操作
紙型的操作與應用 1 相同。下擺褲口的羅紋針織布要從尺寸中扣除後，再進行製圖。
How to make ⇨ p.81

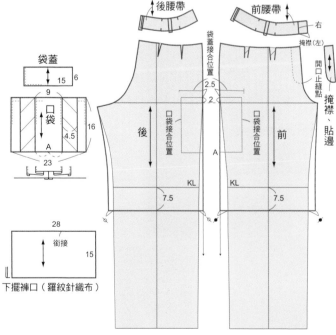

袋蓋
15 6
9
口袋
16
4.5
A
23

28
銜接
15
下擺褲口（羅紋針織布）

後腰帶
前腰帶
右
掩襟（左）
開口止縫點
掩襟、貼邊

袋蓋接合位置
2.5
2

後
口袋接合位置
前
口袋接合位置
A
KL
KL
7.5
7.5

Style 5
HEMLINE RIB BLOUSE

展現頸部至鎖骨的美麗線條，胸前整
潔俐落的方領口罩衫。也可去除衣袖
部分，作為內搭加以活用。

+

Style 11
TIGHT STRAIGHT PANTS

適當地包覆腳部，適合搭配所有上衣
款式，應用範圍相當廣泛的基本版
型。利用褲長變化，全年都可應用的
萬能褲型。

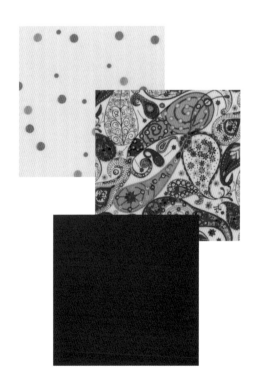

基本

應用 1

應用 **3**

HEMLINE RIB BLOUSE ＋ TIGHT STRAIGHT PANTS

Style 5 ✳ HEMLINE RIB BLOUSE

前後領口拼接後，將細褶份加入半袖的袖口，再加上羅紋針織布的泡泡袖。衣身也是採用下擺加寬的線條，並在下擺加上羅紋針織布的設計。

How to make ⇨ p.58

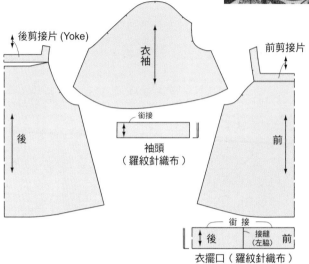

後剪接片 (Yoke)　衣袖　前剪接片

後　衔接　袖頭（羅紋針織布）　前

衔接　後　接縫（左脇）　前

衣擺口（羅紋針織布）

Style 11 ✳ TIGHT STRAIGHT PANTS

在前後加上腰褶，同時，可看出是一款臀圍朝下擺筆直延伸的基本款直筒褲。

How to make ⇨ p.82

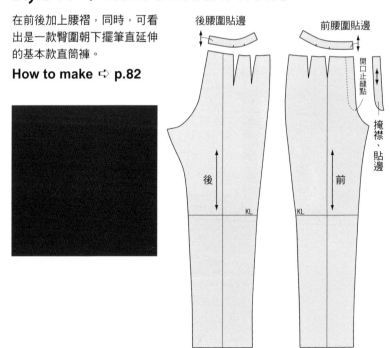

後腰圍貼邊　前腰圍貼邊

開口止縫點

掩襟、貼邊

後　前

KL　KL

Style 5 ＊ HEMLINE RIB BLOUSE

將前後領口製成剪接拼接片 (Yoke)，沒有
袖頭的喇叭袖設計再加上蕾絲布料，就可營
造出成熟女性魅力。

●紙型的操作

在肩線裁出領口，前方加上 U 字形的剪接
拼接線。

How to make ⇨ **p.59**

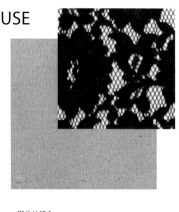

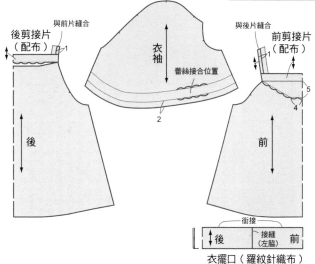

後剪接片
（配布）　與前片縫合

衣袖

蕾絲接合位置

前剪接片
（配布）　與後片縫合

後

前

衔接

後　接縫
（左脇）　前

衣擺口（羅紋針織布）

Style 11 ＊ TIGHT STRAIGHT PANTS

裁剪褲長，並在兩脇邊加上開
叉的 7 分褲。

●紙型的操作

將褲長裁剪至膝蓋下，並在脇
邊加上開叉。

How to make ⇨ **p.83**

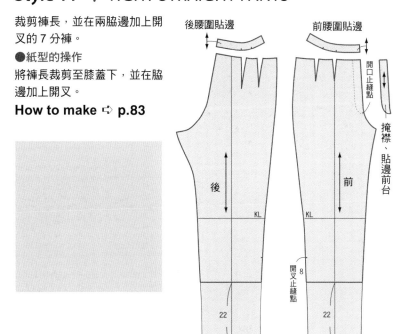

後腰圍貼邊　　前腰圍貼邊

開口止縫點

掩襟、貼邊前台

後　前

KL　KL

開叉止縫點

22　22

應用 2

Style 5 ✱ HEMLINE RIB BLOUSE

拿掉前後剪接片 (Yoke)，並
將上緣縮小收邊。綁上肩帶
的無領無袖上衣。

●紙型的操作
進行上緣拼接部分和肩帶部
分的製圖。前方的蕾絲重疊
在衣身上，不加入拼接。

How to make ⇨ p.60

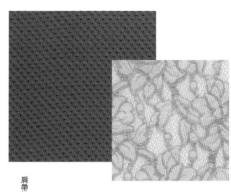

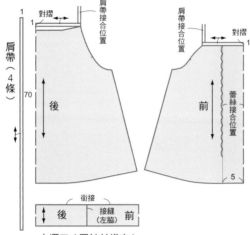

衣擺口（羅紋針織布）

Style 11 ✱ TIGHT STRAIGHT PANTS

在下擺採用雙翻摺的短褲。

●紙型的操作
將褲長裁剪至膝蓋上，並平
行畫出翻摺寬度。

How to make ⇨ p.84

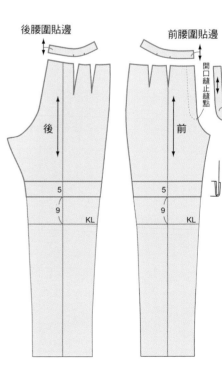

Style 5 ✳ HEMLINE RIB BLOUSE

拿掉前後剪接片 (Yoke)，加上有細褶的肩布，前中心採用裝飾褶的設計。

●紙型的操作

肩布使用衣袖的紙型進行製圖。

How to make ⇨ p.61

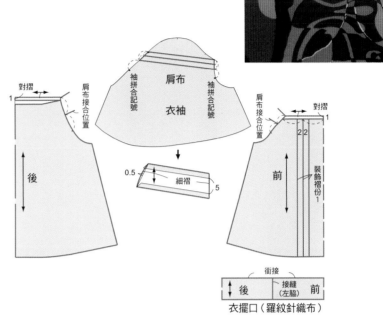

Style 11 ✳ TIGHT STRAIGHT PANTS

裁剪至膝蓋下，並在下擺加上鈕扣固定褲口的燈籠褲。

●紙型的操作

進行下擺褲口的製圖。褲口的增加尺寸要測量至小腿後再加上。

How to make ⇨ p.85

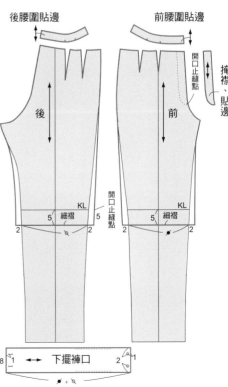

Style 6
VEST BLOUSE

從腰圍覆蓋至腰部以下，強調修長的
視覺效果，可加以修飾身材的罩衫。
在前片加入細褶或裙襬，就能營造出
柔和印象。

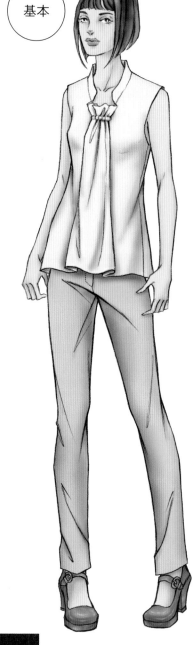

基本

應用 **1**

Style 12
SLIM PANTS

服貼於腳部，輕便感強烈的細長長
褲。只要挑選具彈性的伸縮布料，就
可以讓活動更加方便，同時也可確保
功能性。

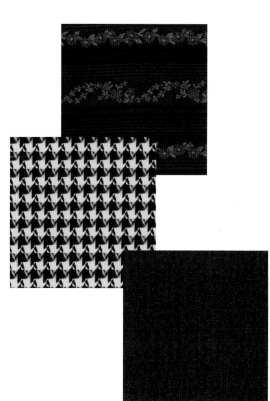

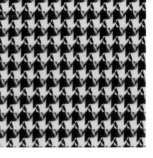

Style 6 ✳ VEST BLOUSE

袖襱是貼邊收邊的無袖款式，
衣身略為寬鬆的長版有領罩
衫。胸前加上鬆緊帶縮縫，作
為整體的重點。

How to make ⇨ **p.62**

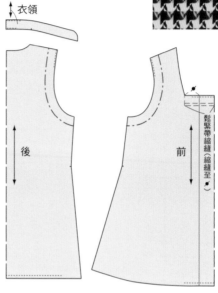

衣領

後

前

鬆緊帶縮縫（縮縫至 ●）

Style 12 ✳ SLIM PANTS

在前後加上腰褶，使整體呈現
出修長感的窄褲。

How to make ⇨ **p.86**

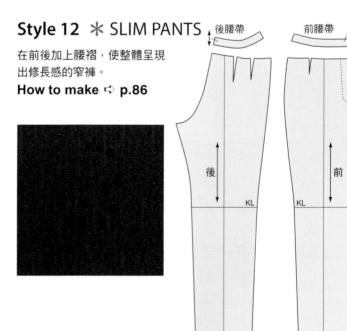

後腰帶

前腰帶

右
掩襟（左）

開口止縫點

掩襟、貼邊

後

前

KL

KL

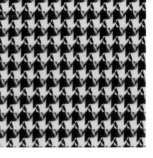

基本

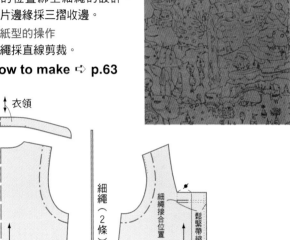

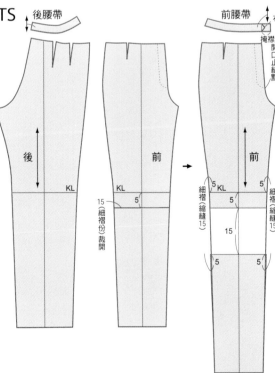

應用 **1**

Style 6 ＊VEST BLOUSE

衣身製成前襟，在鬆緊帶縮
縫的位置綁上細繩的設計。
前片邊緣採三摺收邊。
●紙型的操作
細繩採直線剪裁。
How to make ⇨ p.63

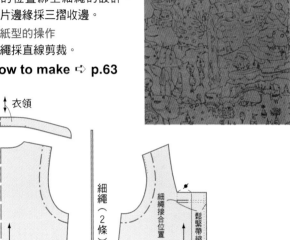

衣領

後

細繩（2條）

細繩接合位置

前

鬆緊帶縮縫（縮縫至▰）

Style 12 ＊SLIM PANTS

在前膝蓋的位置裁開，抽縮細
褶，兼具易活動機能的設計。
●紙型的操作
褲子前面要在抽縮細褶的中
央位置裁開。
How to make ⇨ p.87

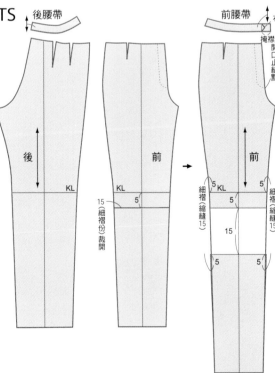

後腰帶

前腰帶　右

掩襟（左）

開口止縫點

掩襟、貼邊

後

前

前

KL

KL

5 KL 5

15（細褶份）裁開

5

細褶（縮縫15）

5

5

15

細褶（縮縫15）

5

5

應用 **2**

Style 6 ✳ VEST BLOUSE

從前中心裁出的前片邊緣有
著美麗瀑布式垂褶的背心罩
衫。

●紙型的操作
前片邊緣要從領口開始,將垂
褶份做成扇狀後,進行製圖。

How to make ⇨ p.64

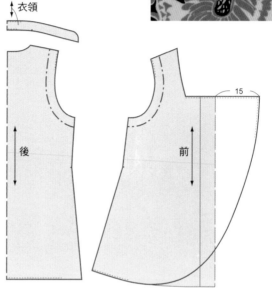

衣領

後　前

Style 12 ✳ SLIM PANTS

窄褲的下擺採用縮縫,呈現
優雅重點。

●紙型的操作
前後的紙型從下擺開始加入
平行的縮縫份。

How to make ⇨ p.88

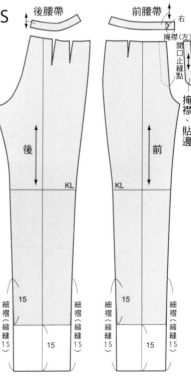

後腰帶　前腰帶　右　掩襟(左)

開口止縫點

掩襟、貼邊

後　前

KL　KL

15　15

細褶(縮縫)15　15　細褶(縮縫)15　細褶(縮縫)15　15　細褶(縮縫)15

Style 6 ＊ VEST BLOUSE

在瀑布式垂褶的前片重疊上
具透明感的配布，就能更顯
優美。

●紙型的操作
前片邊緣與應用 2 相同，從
領口開始，將垂褶份做成扇
狀後，進行製圖。

How to make ⇨ p.65

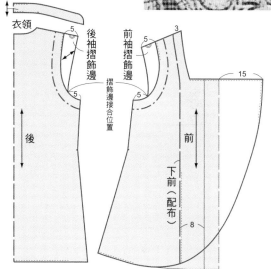

衣領

後袖摺飾邊　前袖摺飾邊

5　　　3

5　　5

摺飾邊接合位置

後　　前

下前（配布）

15

8

Style 12 ＊ SLIM PANTS

拼接前膝蓋後，重疊裝飾褶
的設計。

●紙型的操作
在前膝蓋進行拼接布接合線
的製圖，後腰圍上進行剪接
線的製圖。膝蓋拼接布的紙
型隨附於附錄中。

How to make ⇨ p.89

膝蓋拼接布

後腰帶　　前腰帶

右

掩襠（左）

開口止縫點

剪接片

掩襠　貼邊

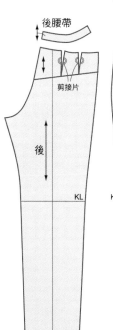

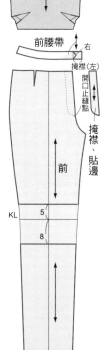

後　　前

KL　　KL　5

8

How to make 實物大小紙型的使用方法與作品的製作方法

Blouse, Skirt & Pants Style Book是利用插圖方式，介紹12種基本設計與相關應用設計的工具書。
12種基本設計包含了S、M、ML、L的尺寸，其展開的實物大小紙型就刊載於附錄。

實 物 大 小 紙 型 的 使 用 方 法

1. 選擇設計

從12種款式的插圖中，選擇欲製作的設計。

2. 描繪紙型

●選擇基本設計時

從實物大小的S、M、ML、L中，選擇欲製作的尺寸紙型，並描繪在牛皮紙
等其它紙張上。這個時候，請不要忘記描繪貼邊線及拼合記號。

3. 紙型的操作

●選擇基本設計以外的應用1、應用2、應用3時

①首先，在其它紙張上描繪款式為基本設計的實物大小紙型。
②使用步驟①描繪的基本紙型線，剪裁選擇的設計紙型。

紙型的操作方法可參考各設計插圖旁的說明。

	基本設計紙型
	應用設計紙型中，隨附的實物大小紙型
———	應用設計紙型的操作線和完成線

這時候的尺寸不是標準尺寸，大多都是採用等分線，
主要是為了避免因各尺寸而造成不平均。
完成線剪裁完成後，要畫出貼邊線及拼合記號，
衣袖褶飾邊止縫點等全新的拼合記號，請別忘了先測量尺寸後再做記號。
衣長及袖長請在紙型完成之後，平行增減下擺線、袖口線。

4. 完成紙型

口袋及貼邊等相互重疊的紙型，要各別描繪在牛皮紙等其它紙張上。
這個時候，有打褶等縫合指示的部分，要一邊對接一邊描繪。
縫合部分要修正成對接良好的線。此外，前後的肩部、脇邊等，
請讓各自的紙型縫線對接，並修正成對接良好的線，藉此完成紙型。

材 料 與 裁 片 配 置 圖

材料以一般的布料寬(110cm寬)進行估算。
依設計及紙型形狀的不同，有時需要更寬(140cm寬)或90cm寬的布料。
裁片配置圖是以M尺寸的紙型所配置而成。
紙型尺寸、布寬不同，或衣長與袖長有所調整的時候，布長也會有所改變，
要多加注意。

尺 寸 表 (裸身尺寸)

(單位：cm)

名稱＼尺寸	S	M	ML	L
身 高	156	160	164	168
胸 圍	79	83	87	91
腰 圍	60	64	68	72
臀 圍	86	90	94	98

實物大紙型正面

Style 1 翻領罩衫
基本

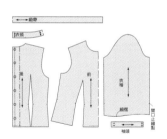

Style 2 襯衫領罩衫
基本、應用1- 衣身褶飾邊、袖口褶飾邊
應用2- 袖褶飾邊

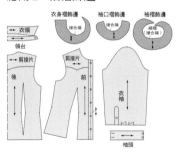

Style 3 A字罩衫
基本

Style 4 斗篷罩衫
基本

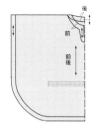

Style 5 羅紋下擺罩衫
基本

Style 6 背心罩衫
基本

實物大紙型背面

Style 7 窄裙
基本

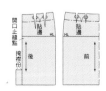

Style 8 一片裙
基本

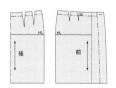

Style 9 細褶裙
基本

Style 10 寬腳褲
基本

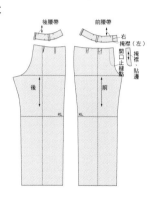

Style 11 休閒褲
基本

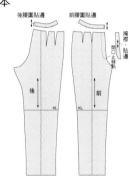

Style 12 窄版褲
基本、應用 3- 膝蓋拼接布

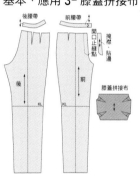

ROLL COLLAR BLOUSE

Style 1 翻領罩衫

page 6

●**必備紙型（正面）**

後片、前片、衣袖、衣領、袖頭、緞帶

●**材料**

表布＝110cm寬

（S、M）2m10cm

（ML、L）2m30cm

布襯＝90cm寬60cm

直徑1.5cm的鈕扣6顆（後片）

直徑1cm的鈕扣6顆（衣領、袖頭）

●**準備**

在後接貼邊、表衣領、表袖頭貼上布襯。

後接貼邊的背面、袖裡的縫份加上M。

※M是「拷克（車布邊）」的簡稱。

●**縫法順序**

1　車縫前後片的褶（參考p.45）。

2　車縫肩線（縫份要2片一起進行M）。

3　摺燙後貼邊。

4　製作衣領，縫合。

5　車縫脇邊（縫份要2片一起進行M）。

6　袖裡車縫至開口止縫點，製作袖頭並縫合。

7　縫上衣袖（縫份要2片一起進行M）。

8　將下擺製成三摺邊後車縫。

9　製作緞帶。

10　在後中心和袖頭製作釦眼，並縫上鈕釦。

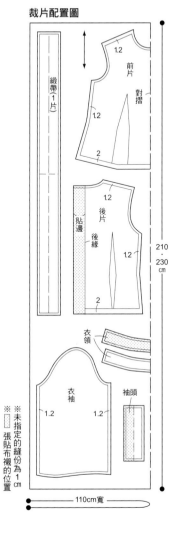

裁片配置圖

6　袖頭的接合法

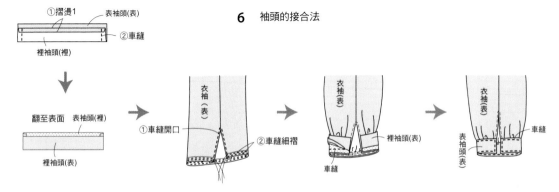

ROLL COLLAR BLOUSE

Style 1 翻領罩衫

page 7

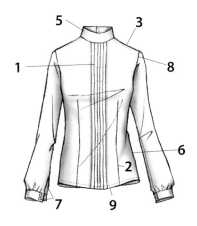

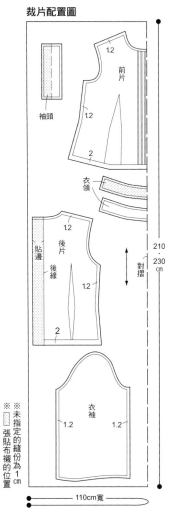

●**必備紙型(正面)**
後片、前片、衣袖、衣領、袖頭

●**材料**
表布＝110cm寬
(S、M)2m10cm
(ML、L)2m30cm
布襯＝90cm寬60cm
直徑1.5cm的鈕扣6顆(後片)
直徑1cm的鈕扣6顆(衣領、袖頭)

●**準備**
在後接貼邊、表衣領、表袖頭貼上布襯。
後接貼邊的背面、袖裡的縫份加上M。
※M是「拷克(車布邊)」的簡稱。

●**縫法順序**
1 車縫前衣身的裝飾褶。
2 車縫前後片的褶(參考p.45)。
3 車縫肩線(縫份要2片一起進行M)。
4 摺燙後貼邊。
5 製作衣領，縫合。
6 車縫脇邊(縫份要2片一起進行M)。
7 袖裡車縫至開口止縫點，製作袖頭並縫合
　(參考p.42)。
8 縫上衣袖(縫份要2片一起進行M)。
9 將下擺製成三摺邊後，車縫。
10 在後中心和袖頭製作釦眼，並縫上鈕釦。

裁片配置圖

※ 張貼布襯的位置 ※ 未指定的縫份為1cm

1 裝飾褶的縫法

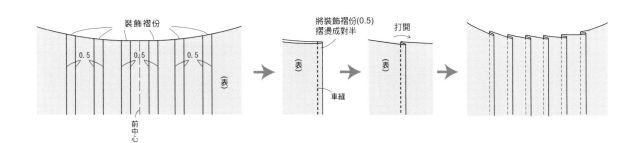

ROLL COLLAR BLOUSE

Style 1 翻領罩衫

page 8

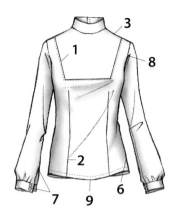

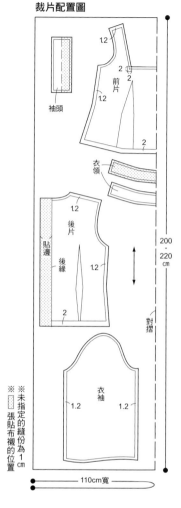

●**必備紙型（正面）**
後片、前片、剪接片（Yoke）、衣袖、衣領、袖頭

●**材料**
表布＝110cm寬
（S、M）2m
（ML、L）2m20cm
配布（剪接份）＝90cm寬30cm
布襯＝90cm寬60cm
直徑1.5cm的鈕扣6顆（後片）
直徑1cm的鈕扣6顆（衣領、袖頭）

●**準備**
在後接貼邊、表衣領、表袖頭貼上布襯。
剪接片（Yoke）衣身接合端的縫份、前剪接片
接合端的縫份、後接貼邊的背面、袖裡的縫
份加上M。
※M是「拷克（車布邊）」的簡稱。

●**縫法順序**

1　在前衣身接上剪接片。
2　車縫前後片的褶（參考p.45）。
3　車縫肩線（縫份要2片一起進行M）。
4　摺燙後貼邊。
5　製作衣領，縫合。
6　車縫脇邊。
7　袖裡車縫至開口止縫點，製作袖頭並縫合
　　（參考p.42）。
8　縫上衣袖（縫份要2片一起進行M）。
9　將下擺製成三摺邊後，車縫。
10　在後中心和袖頭製作釦眼，並縫上鈕釦。

裁片配置圖

1　剪接片（Yoke）的接合法

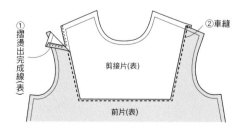

ROLL COLLAR BLOUSE

Style 1 翻領罩衫

應用 **3** page 9

●**必備紙型（正面）**
後片、前片、衣袖、衣領、袖頭

●**材料**
表布＝110cm寬
(S、M)2m
(ML、L)2m20cm
布襯＝90cm寬60cm
直徑1.5cm的鈕扣6顆(後片)
直徑1cm的鈕扣6顆(衣領、袖頭)

●**準備**
在後接貼邊、表衣領、表袖頭貼上布襯。
後接貼邊的背面、前後脇邊的縫份、袖裡的
縫份加上M。
※M是「拷克(車布邊)」的簡稱。

●**縫法順序**
1 製作細繩。
2 車縫前後片的褶（把細繩夾在前褶）。
3 車縫肩線（縫份要2片一起進行M）。
4 摺燙後貼邊。
5 製作衣領，縫合。
6 將脇邊車縫至開叉止縫點。
7 袖裡車縫至開口止縫點，製作袖頭並縫合
　(參考p.42)。
8 縫上衣袖（縫份要2片一起進行M）。
9 將脇邊的開叉開口和下擺製成三摺邊後，
　車縫。
10 在後中心和袖頭製作釦眼，並縫上鈕釦。

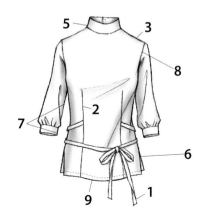

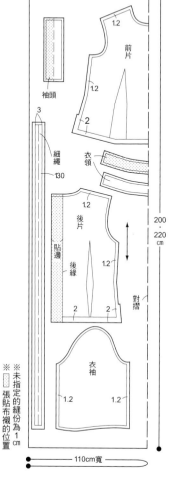

裁片配置圖

1,2　細繩的接合法、褶的縫法

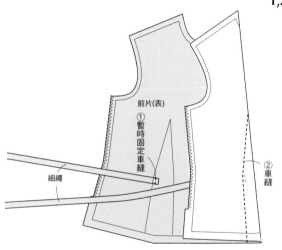

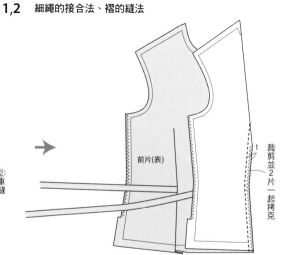

SHIRT COLLAR BLOUSE

Style 2 襯衫領罩衫

page 12

●**必備紙型（正面）**

後片、前片、後剪接片（Yoke）、前剪接片（Yoke）、衣袖、衣領、領台、前門襟、袖頭、舌片、掩襟

●**材料**

表布＝110cm寬

（S、M）2m10cm

（ML、L）2m30cm

布襯＝90cm寬60cm

直徑1cm的鈕扣6顆（前門襟）

直徑1.3cm的鈕扣7顆（領台、袖頭、舌片）

●**準備**

在表前門襟、裡領台、表衣領、表袖頭貼上布襯。

前後衣身剪接片接合端的縫份、剪接片衣身接合端的縫份加上M。

※M是「拷克（車布邊）」的簡稱。

●**縫法順序**

1　車縫前後片的褶（參考p.45）。

2　把剪接片接合於前後片。

3　把前門襟接合於前衣身。

4　製作衣領，縫合（參考p.49）。

5　車縫脇邊（縫份要2片一起進行M）。

6　把舌片和掩襟接合於袖口。

7　車縫袖裡（縫份要2片一起進行M），製作袖頭並接合。

8　縫上衣袖（縫份要2片一起進行M）。

9　將下擺製成三摺邊後，車縫。

10　在前中心和袖口開口製作釦眼，並縫上鈕釦。

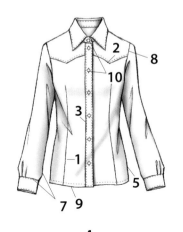

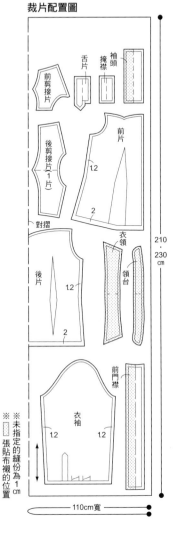

裁片配置圖

6　袖口的舌片和掩襟的接合法

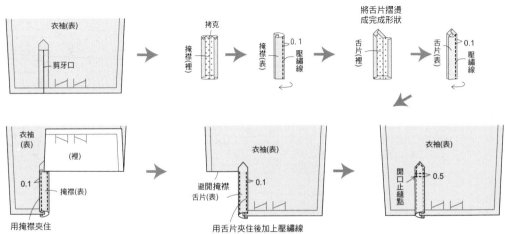

SHIRT COLLAR BLOUSE

Style 2 襯衫領罩衫

page 13

●必備紙型（正面）

後片、前片、衣袖、衣領、領台、前門襟、衣身褶飾邊、袖口褶飾邊

●材料

表布＝110cm寬

（S、M）2m10cm

（ML、L）2m30cm

布襯＝90cm寬60cm

直徑1cm的鈕扣9顆（前門襟、領台、袖口開口）

●準備

在表前門襟、裡領台、表衣領貼上布襯。

衣身褶飾邊的邊緣、袖口褶飾邊的邊緣採用捲縫收邊。

袖裡的縫份加上M。

※M是「拷克（車布邊）」的簡稱。

●縫法順序

1 車縫前後片的褶（參考p.45）。

2 夾住衣身褶飾邊並縫上前門襟。

3 車縫肩線（縫份要2片一起進行M）。

4 製作衣領，縫合（參考p.49）。

5 車縫脇邊（縫份要2片一起進行M）。

6 摺燙出袖口的裝飾褶，製作布環並固定。

7 車縫袖裡，並縫上袖口褶飾邊。

8 縫上衣袖（縫份要2片一起進行M）。

9 將下擺製成三摺邊後，車縫。

10 在前中心製作釦眼，並縫上鈕釦。

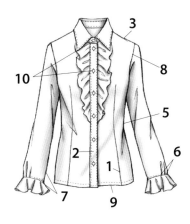

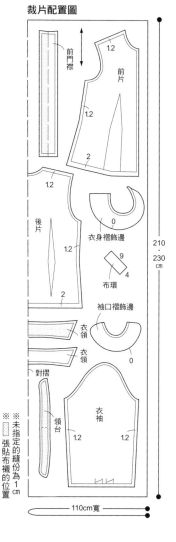

裁片配置圖

前門襟

前片

後片

衣身褶飾邊

布環

袖口褶飾邊

衣領

衣領

領台

衣袖

210．230cm

110cm寬

※未指定的縫份為1cm

※ 張貼布襯的位置

---

2 衣身褶飾邊的接合法

捲縫收邊

衣身褶飾邊

將褶飾邊夾在前門襟和衣身之間

前片（表）

前門襟

褶飾邊

接合止縫點

6,7 袖口褶飾邊的接合法

衣袖（表）

摺燙出裝飾褶，以車縫固定

製作布環，以車縫固定

①車縫袖裡

衣袖（表）

②車縫開口

袖口褶飾邊

捲縫收邊

衣袖（表）

袖口褶飾邊（裡）

①車縫

②2片一起拷克

衣袖（表）

袖口褶飾邊（裡）

車縫

47

SHIRT COLLAR BLOUSE

Style 2 襯衫領罩衫

應用 **2** page 14

●**必備紙型(正面)**
後片、前片、剪接片(Yoke)、衣袖褶飾邊、衣領、領台、前門襟、後袖襱貼邊、前袖襱貼邊

●**材料**
表布＝110cm寬
(S、M)1m50cm
(ML、L)1m70cm
配布(蕾絲)＝110cm寬50cm
布襯＝90cm寬60cm
直徑1cm的鈕扣6顆(前門襟)
直徑1.3cm的鈕扣1顆(領台)

●**準備**
在表前門襟、裡領台、表衣領、前後袖襱貼邊貼上布襯。
衣袖褶飾邊的邊緣採用捲縫收邊。
前後衣身剪接片接合端的縫份、剪接片衣身接合端的縫份、前後袖襱貼邊的背面加上M。
※M是「拷克(車布邊)」的簡稱。

●**縫法順序**

1　車縫前後片的褶(參考p.45)。
2　把剪接片接合於前後片。
3　把前門襟接合於前衣身。
4　製作衣領，縫合(參考p.49)。
5　車縫脇邊(縫份要2片一起進行M)。
6　將2片袖褶飾邊重疊，抽縮細褶。
7　將袖襱和袖褶飾邊正面相向疊合，並將袖襱貼邊重疊縫合。
8　將下擺製成三摺邊後，車縫。
9　在前中心製作釦眼，並縫上鈕釦。

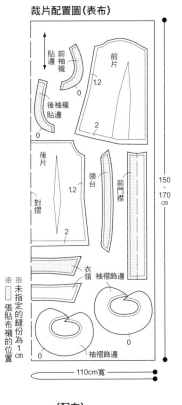

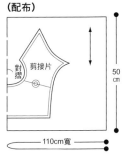

裁片配置圖(表布)

150・170cm

110cm寬

※ ※ 未指定的縫份為1cm
□ 張貼布襯的位置

(配布)

50cm

110cm寬

6,7　袖褶飾邊和袖襱的收邊法

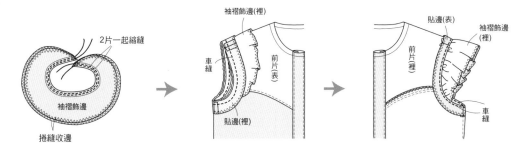

48

SHIRT COLLAR BLOUSE

Style 2 襯衫領罩衫

page 15

●**必備紙型(正面)**
後片、前片、剪接片(Yoke)、衣袖、衣領、領台、前門襟、袖頭

●**材料**
表布＝110cm寬
(S、M)1m80cm
(ML、L)2m10cm
配布(剪接片份)＝110cm寬30cm
布襯＝90cm寬60cm
直徑1cm的鈕扣11顆(前門襟、領台、袖頭)

●**準備**
在表前門襟、裡領台、表衣領、表袖頭貼上布襯。
前衣身剪接片接合端的縫份、剪接片衣身接合端的縫份、袖裡的縫份加上M。
※M是「拷克(車布邊)」的簡稱。

●**縫法順序**
1 車縫前後片的褶(參考p.45)。
2 把剪接片接合於前衣身。
3 把前門襟接合於前衣身。
4 車縫肩線(縫份要2片一起進行M)。
5 製作衣領，縫合。
6 車縫脇邊(縫份要2片一起進行M)。
7 將袖裡車縫至開口止縫點，製作袖頭並接合(參考p.42)。
8 縫上衣袖(縫份要2片一起進行M)。
9 將下擺製成三摺邊後，車縫。
10 在前中心和袖頭製作釦眼，並縫上鈕釦。

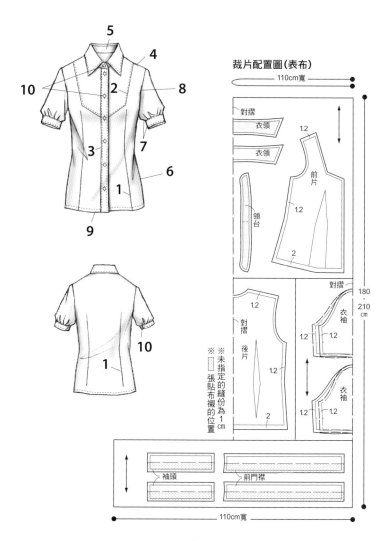

5　衣領的接合法

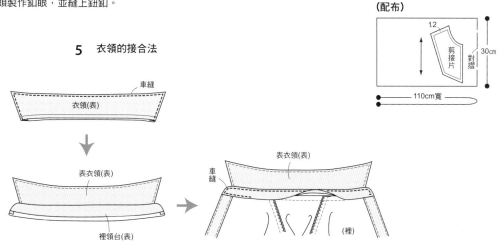

A-LINE BLOUSE

Style 3 A字罩衫

page 18

●必備紙型(正面)

後片、前片、衣袖、剪接片(Yoke)、貼布

●材料

表布＝110cm寬

(S、M)2m20cm

(ML、L)

配布＝30×20cm

鬆緊帶＝1cm寬40cm

雙摺斜布條＝12mm寬30cm

●準備

前衣身剪接片接合端的縫份、剪接片衣身接合端的縫份加上M。

※M是「拷克(車布邊)」的簡稱。

●縫法順序

1　把剪接片接合於前衣身。

2　車縫肩線(縫份要2片一起進行M)。

3　後領口用斜布條收邊。

4　車縫脇邊(縫份要2片一起進行M)。

5　車縫袖裡(縫份要2片一起進行M)，把貼布接合於袖口。

6　將袖口製成三摺邊後，車縫。

7　縫上衣袖(縫份要2片一起進行M)。

8　將下擺製成三摺邊後，車縫。

9　把鬆緊帶穿過袖口的貼布。

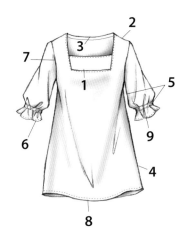

裁片配置圖(表布)

1～3 的縫法

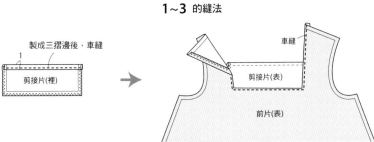

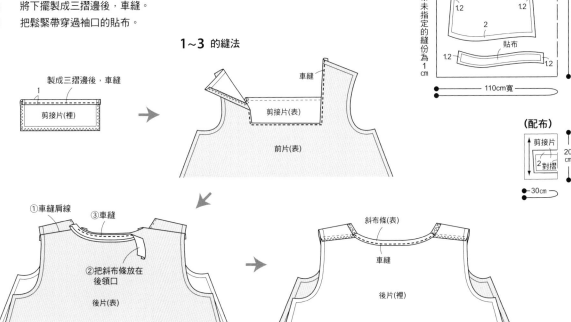

(配布)

A-LINE BLOUSE

Style 3 A字罩衫

應用 **1** page 19

●必備紙型（正面）

後片、前片、衣袖、袖頭、後貼布、前貼布、
褶飾邊、緞帶

●材料

表布＝110cm寬

（S、M）2m20cm

（ML、L）2m40cm

布襯＝10×30cm

蕾絲(褶飾邊)＝7cm寬

（S、M）1m20cm

（ML、L）1m40cm

雙摺斜布條＝12mm寬60cm

鬆緊帶＝1cm寬90cm

●準備

在褶飾邊貼上布襯。

※M是「拷克(車布邊)」的簡稱。

●縫法順序

1 車縫肩線(縫份要2片一起進行M)。

2 車縫脇邊(縫份要2片一起進行M)。

3 車縫袖裡(縫份要2片一起進行M)，將袖
頭接合於袖口。

4 車縫衣袖(縫份要2片一起進行M)。

5 領口用斜布條收邊。

6 車縫貼布，並接合於衣身。

7 將下擺製成三摺邊後，車縫。

8 將褶飾邊縫成環狀，採取縮縫後，抽縮細
褶，縫上領口。

9 將鬆緊帶穿過貼布。

10 將緞帶的周圍製成三摺邊後車縫，並接合
於前衣身。

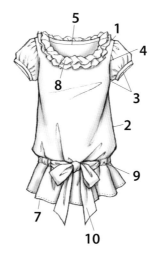

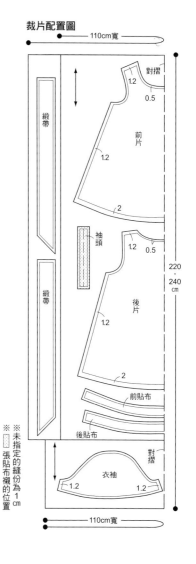

裁片配置圖

8　袖頭的接合法

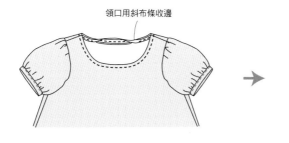

領口用斜布條收邊

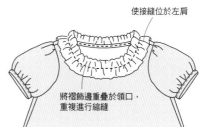

使接縫位於左肩

將褶飾邊重疊於領口，
重複進行縮縫

A-LINE BLOUSE

Style 3 A字罩衫

page 20

●**必備紙型（正面）**
後片、前片、裝飾布、衣袖、後拼接布、前拼
接布、後貼布、前貼布

●**材料**
表布＝110cm寬
（S、M）2m60cm
（ML、L）2m80cm
布襯＝90cm寬30cm
鬆緊帶＝1cm寬90cm

●**準備**
在前後拼接布貼上布襯。
※M是「拷克(車布邊)」的簡稱。

●**縫法順序**

1　將裝飾布的下擺製成三摺邊後車縫，並
　　在中心進行縮縫，使尺寸縮小成6cm。
2　把裝飾布放在前衣身，並固定於縫份，
　　以避免位移
3　車縫肩線（縫份要2片一起進行M）。
4　車縫脇邊（縫份要2片一起進行M）。
5　車縫袖裡（縫份要2片一起進行M）。
6　將袖口製成三摺邊後，車縫。
7　縫上衣袖（縫份要2片一起進行M）。
8　縫上拼接布，接合於領口。
9　車縫貼布，接合於衣身。
10　將下擺製成三摺邊後，車縫。
11　將鬆緊帶穿過腰圍的貼布。

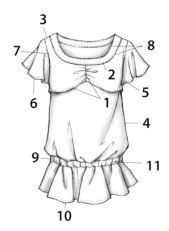

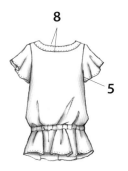

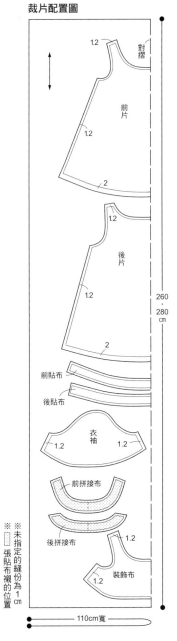

裁片配置圖

1,2　　裝飾布的縫法

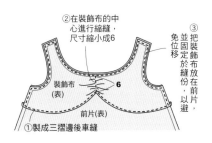

②在裝飾布的中
心進行縮縫，
尺寸縮小成6

③把裝飾布放在前片，以避免位移，並固定於縫份，

裝飾布
（表）

前片（表）

①製成三摺邊後車縫

A-LINE BLOUSE

Style 3 A字罩衫

page 21

●**必備紙型(正面)**
後片、前片、衣袖、後拼接布、前拼接布、後
褶飾邊、前褶飾邊

●**材料**
表布＝110cm寬
(S、M)3m
(ML、L)3m20cm
布襯＝90cm寬30cm

●**準備**
在前後拼接布貼上布襯。
※M是「拷克(車布邊)」的簡稱。

●**縫法順序**

1　袖口、前後褶飾邊的下擺分別利用捲縫
　　進行收邊。

2　車縫肩線(縫份要2片一起進行M)。

3　車縫脇邊(縫份要2片一起進行M)。

4　車縫袖裡(縫份要2片一起進行M)。

5　衣袖要將2片重疊，並利用疏縫固定於縫
　　份，以避免位移。

6　縫上衣袖(縫份要2片一起進行M)。

7　縫上拼接布，接合於領口。

8　分別車縫下擺褶飾邊的脇邊後，將2片重
　　疊，並利用疏縫固定於縫份，以避免位
　　移。

9　接合下擺褶飾邊(縫份要3片一起進行
　　M)。

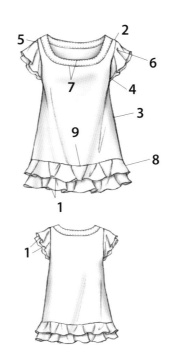

8,9　下擺褶飾邊的接合法

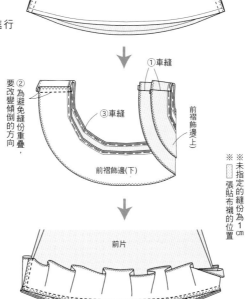

裁片配置圖

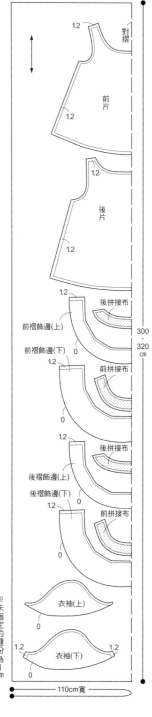

PONCHO BLOUSE

Style 4 斗篷罩衫

基 本) page 24

●必備紙型（正面）

前後片、後表貼邊、前表貼邊、前後緣布

●材料

表布＝140cm寬

(S、M)2m50cm

(ML、L)2m70cm

布襯＝30×30cm

彈性車線

●準備

在前後表貼邊貼上布襯。

※M是「拷克(車布邊)」的簡稱。

●縫法順序

1　在前後片進行鬆緊帶縮縫。

2　車縫肩線(縫份要2片一起進行M)。

3　領口用表貼邊收邊。

4　在衣身周圍縫上緣布。

5　重疊前後衣身，車縫袖口止縫點。

6　重疊前後衣身，固定車縫縮縫的兩邊。

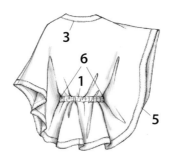

裁片配置圖

250・270cm

※未指定的縫份為1cm

※張貼布襯的位置

140cm寬

1～6 的縫法

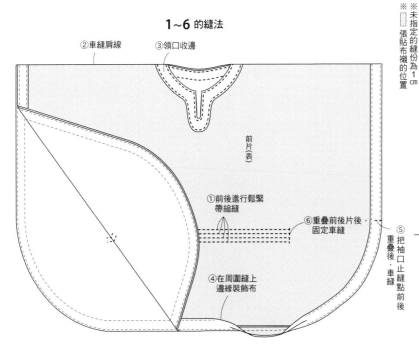

②車縫肩線

③領口收邊

前片(表)

①前後進行鬆緊帶縮縫

⑥重疊前後片後，固定車縫

④在周圍縫上邊緣裝飾布

⑤把袖口止縫點前後重疊後，車縫

3 領口的縫法

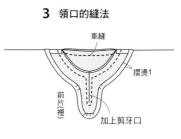

車縫

摺燙1

前片(裡)

加上剪牙口

54

PONCHO BLOUSE

Style 4 斗篷罩衫

應用 **1** page 25

●必備紙型（正面）

後片、前片、後貼邊、前貼邊、後貼布、前貼布

●材料

表布＝140cm寬

(S、M)1m90cm

(ML、L)2m10cm

布襯＝30×30cm

●準備

在前後貼邊貼上布襯。

前後貼邊的背面進行M。

※M是「拷克(車布邊)」的簡稱。

●縫法順序

1　在前後片做出釦眼。

2　把貼布接合於前後片。

3　將前後片外表相向疊合，車縫肩線，燙開縫份，製成三摺邊後車縫壓繡線。

4　領口用貼邊收邊。

5　將衣身的周圍製成三摺邊後車縫。

6　重疊前後衣身，車縫袖口止縫點。

7　重疊前後衣身，固定車縫貼布的兩邊。

8　製作細繩，穿過。

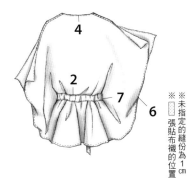

裁片配置圖

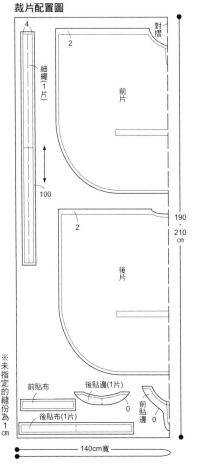

1,2 的縫法

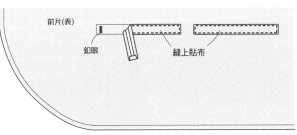

3~7 的縫法

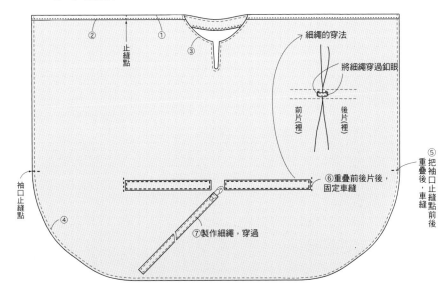

PONCHO BLOUSE

Style 4 斗篷罩衫

應用 **2** page 26

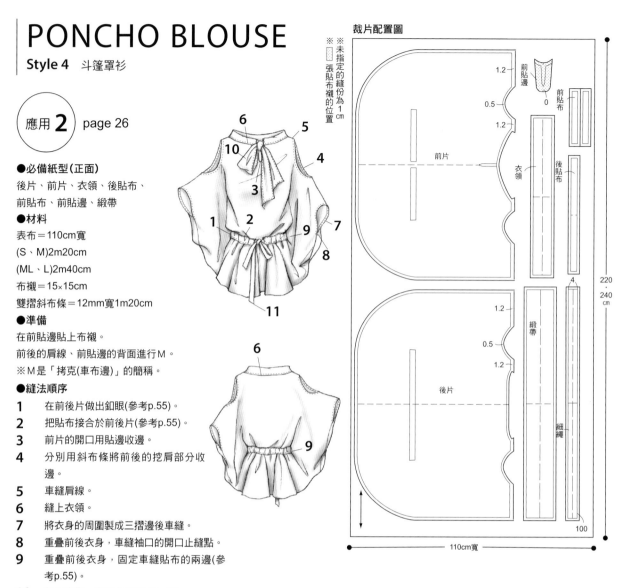

※未指定的縫份為1cm

裁片配置圖

●必備紙型（正面）

後片、前片、衣領、後貼布、
前貼布、前貼邊、緞帶

●材料

表布＝110cm寬

(S、M)2m20cm

(ML、L)2m40cm

布襯＝15×15cm

雙摺斜布條＝12mm寬1m20cm

●準備

在前貼邊貼上布襯。

前後的肩線、前貼邊的背面進行M。

※M是「拷克(車布邊)」的簡稱。

●縫法順序

1 在前後片做出釦眼(參考p.55)。

2 把貼布接合於前後片(參考p.55)。

3 前片的開口用貼邊收邊。

4 分別用斜布條將前後的挖肩部分收
邊。

5 車縫肩線。

6 縫上衣領。

7 將衣身的周圍製成三摺邊後車縫。

8 重疊前後衣身，車縫袖口的開口止縫點。

9 重疊前後衣身，固定車縫貼布的兩邊(參
考p.55)。

10 製作緞帶，穿過衣領(參考p.55)。

11 製作細繩，穿過。

3～7 的縫法

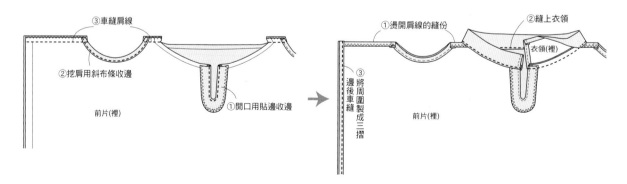

PONCHO BLOUSE

Style 4 斗篷罩衫

應用 3 page 27

●**必備紙型（正面）**
後片、前片、前貼邊、衣領、袖頭

●**材料**
表布＝140cm寬
(S、M)1m70cm
(ML、L)1m90cm
配布(伸縮布料)＝140cm寬40cm
布襯＝15×15cm
EFLON拉鍊22cm1條
彈性車線

●**準備**
在前貼邊貼上布襯。
前後肩線的縫份、前貼邊的背面進行M。
※M是「拷克（車布邊）」的簡稱。

●**縫法順序**
1　在前後片進行鬆緊帶縮縫。
2　車縫肩線(燙開縫份)。
3　在前中心縫上前貼邊後，製作斜開口。
4　縫上衣領。
5　在開口縫上拉鍊。
6　將前後衣身正面相向疊合，從袖頭止縫
　　點車縫至止縫點。
7　銜接袖頭。
8　將下擺製成三摺邊後車縫。
9　將前後衣身重疊，固定車縫縮縫的兩邊
　　(參考p.54)。

裁片配置圖(表布)

※未指定的縫份為1cm
※張貼布襯的位置

前片
對摺
前貼邊(1片)
0
後片
對摺
170・190cm
140cm寬

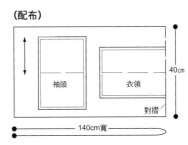

(配布)
袖頭
衣領
對摺
40cm
140cm寬

3～5　衣領的接合法

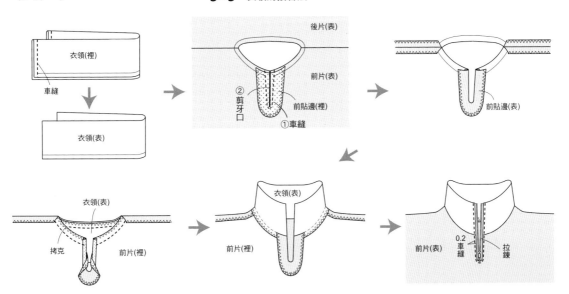

衣領(裡)
車縫
衣領(表)

後片(表)
前片(表)
②剪牙口
①車縫
前貼邊(裡)

前貼邊(表)

衣領(表)
拷克
前片(裡)

衣領(表)
前片(裡)

前片(表)
0.2車縫
拉鍊

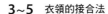

HEMLINE RIB BLOUSE

Style 5 羅紋下擺罩衫

基本 page 30

●必備紙型(正面)
後片、前片、衣袖、後剪接片(Yoke)、
前剪接片(Yoke)、袖頭、衣擺口

●材料
表布＝110cm寬
(S、M)1m90cm
(ML、L)2m10cm
配布(伸縮布料)＝90cm寬40cm

●準備
※M是「拷克(車布邊)」的簡稱。

●縫法順序

1　車縫前片和前表剪接片、後片和後
　　表剪接片。

2　車縫表剪接片的肩線。

3　車縫脇邊(縫份要2片一起進行M)。

4　車縫袖裡(縫份要2片一起進行M)。

5　把袖頭接合於袖口(縫份要3片一起
　　進行M)。

6　縫上衣袖(縫份要2片一起進行M)。

7　車縫裡剪接片的肩線。領口正面相
　　向疊合車縫並收邊。

8　把衣擺口銜接縫於前後的下擺(縫份
　　要3片一起進行M)。

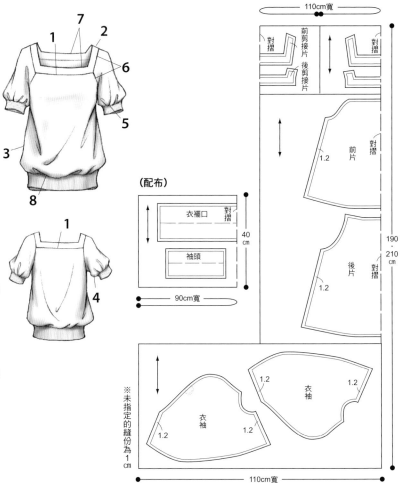

裁片配置圖(表布)

(配布)

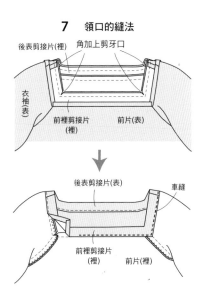

7　領口的縫法

4,5　衣袖的縫法

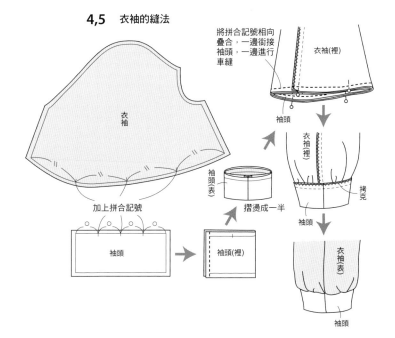

HEMLINE RIB BLOUSE

Style 5 羅紋下擺罩衫

應用 **1** page 31

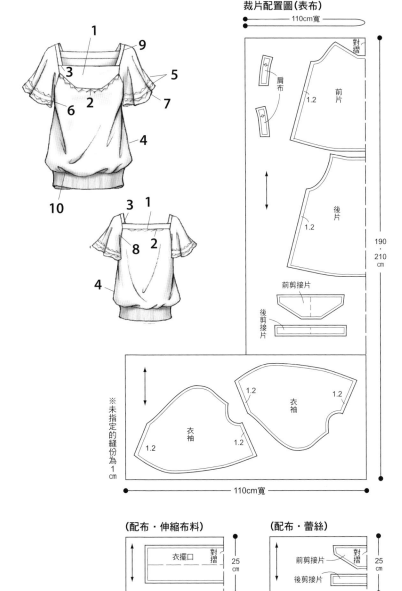

●必備紙型(正面)
後片、前片、衣袖、後剪接片(Yoke)、
前剪接片(Yoke)、肩布、衣擺口

●材料
表布＝110cm寬
(S、M)1m90cm
(ML、L)2m10cm
配布(蕾絲)＝90cm寬25cm
配布(伸縮布料)＝90cm寬25cm
蕾絲＝4cm寬
(S、M)1m70cm
(ML、L)2m

●準備
※M是「拷克(車布邊)」的簡稱。

●縫法順序

1　分別把蕾絲放在前表剪接片、後表剪
　　接片上方，固定車縫於縫份。
2　車縫前片和前表剪接片、後片和後表
　　剪接片。
3　車縫前後表剪接片和肩布。
4　車縫脇邊(縫份要2片一起進行M)。
5　把蕾絲接合於衣袖。
6　車縫袖裡(縫份要2片一起進行M)。
7　把袖口製成雙摺邊後車縫。
8　縫上衣袖(縫份要2片一起進行M)。
9　車縫裡剪接片和肩布。領口正面相向
　　疊合車縫並收邊。
10　把衣襬口銜接縫於前後的下襬(縫份要3
　　片一起進行M)。

裁片配置圖(表布)

1　蕾絲的固定方法

3　車縫前後表剪接片和肩布

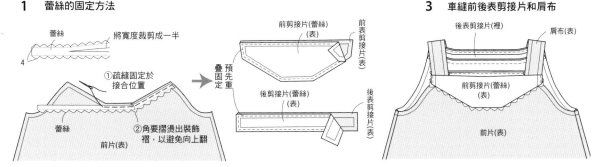

HEMLINE RIB BLOUSE

Style 5 羅紋下擺罩衫

 page 32

●**必備紙型(正面)**
後片、前片、後拼接布、前拼接布、肩帶、衣擺口

●**材料**
表布＝110cm寬
(S、M)1m10cm
(ML、L)1m30cm
配布(伸縮布料)＝90cm寬25cm
蕾絲＝10cm寬
(S、M)50cm
(ML、L)60cm
雙摺斜布條＝12mm寬40cm

●**準備**
※M是「拷克(車布邊)」的簡稱。

●**縫法順序**

1　把蕾絲接合於前中央。
2　車縫脇邊(縫份要2片一起進行M)。
3　袖襱用斜布條收邊。
4　用拼接布包裹前後的上緣。
5　把衣擺口銜接縫於前後的下襬(縫份要3片一起進行M)。
6　製作4條肩帶,接合於前後衣身。

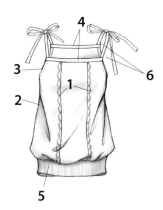

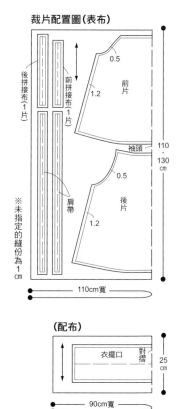

裁片配置圖(表布)

(配布)

3　袖襱的收邊

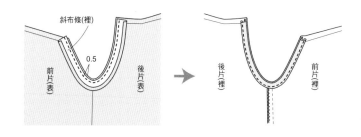

HEMLINE RIB BLOUSE

Style 5 羅紋下擺罩衫

 應用 3 page 33

●必備紙型（正面）

後片、前片、後拼接布、前拼接布、肩布、衣擺口

●材料

表布＝110cm寬

（S、M）1m30cm

（ML、L）1m50cm

配布（伸縮布料）＝90cm寬25cm

雙摺斜布條＝12mm寬40cm

●準備

※M是「拷克(車布邊)」的簡稱。

●縫法順序

1　車縫前片的裝飾褶。

2　車縫脇邊（縫份要2片一起進行M）。

3　用回針縫肩布，並抽縮細褶。

4　夾住肩布，並利用斜布條將袖襱收邊。

5　用拼接布包裹前後的上緣。

6　把衣擺口銜接縫於前後的下襬（縫份要3片一起進行M）。

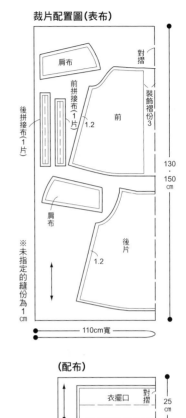

裁片配置圖（表布）

肩布

前拼接布（1片）　1.2

後拼接布（1片）

前

對摺

裝飾褶份3

肩布

後片　1.2

※未指定的縫份為1cm

130・150cm

110cm寬

（配布）

衣擺口　對摺

25cm

90cm寬

3,4 肩布的接合法

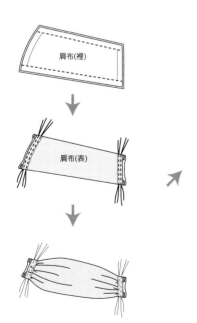

肩布（裡）

肩布（表）

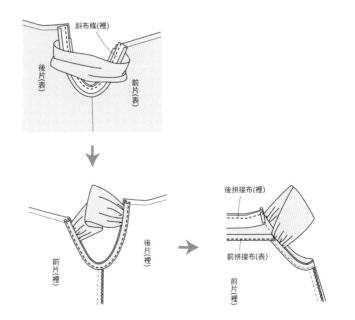

斜布條（裡）

後片（表）　前片（表）

前片（裡）　後片（裡）

後拼接布（裡）

前拼接布（表）

前片（裡）

VEST BLOUSE

Style 6 背心罩衫

page 36

●**必備紙型（正面）**

後片、前片、衣領、後袖襱貼邊、前袖襱貼邊

●**材料**

表布＝110cm寬

（S、M）1m90cm

（ML、L）2m10cm

布襯＝110cm寬

（S、M）40cm

（ML、L）50cm

彈性車線

●**準備**

在前後袖襱貼邊、表衣領貼上布襯。

前後袖襱貼邊的背面進行M。

※M是「拷克(車布邊)」的簡稱。

●**縫法順序**

1　在前片的上緣加上剪牙口，製成三摺邊後
車縫，進行鬆緊帶縮縫。

2　車縫肩線（縫份要2片一起進行M）。

3　製作衣領並接合。

4　車縫脇邊（縫份要2片一起進行M）。

5　車縫袖襱貼邊，並將袖襱收邊（參考
p.64）。

6　下擺製成三摺邊後車縫。

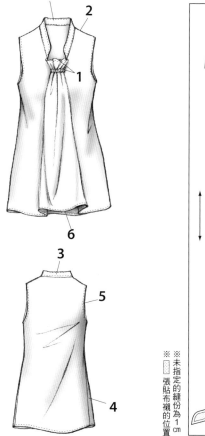

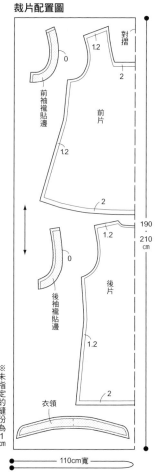

裁片配置圖

3　衣領的接合法

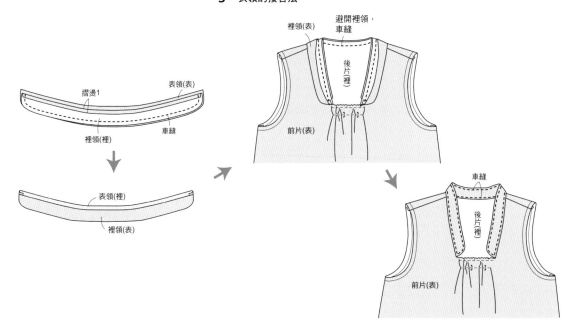

VEST BLOUSE

Style 6　背心罩衫

應用 **1**　page 37

●**必備紙型(正面)**
後片、前片、衣領、後袖襱貼邊、前袖襱貼邊

●**材料**
表布＝110cm寬
(S、M)1m90cm
(ML、L)2m10cm
布襯＝110cm寬
(S、M)40cm
(ML、L)50cm

●**準備**
在前後袖襱貼邊、表衣領貼上布襯。
前後袖襱貼邊的背面進行M。
※M是「拷克(車布邊)」的簡稱。

●**縫法順序**
1　車縫肩線(縫份要2片一起進行M)。
2　車縫脇邊(縫份要2片一起進行M)。
3　將前上緣、前緣、下擺製成三摺邊後車縫。
4　製作衣領並接合(參考p.62)。
5　車縫袖襱貼邊,並將袖襱收邊(參考p.64)。
6　左右的前片進行縮縫。
7　製作細繩並接合。

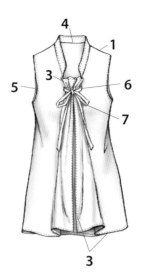

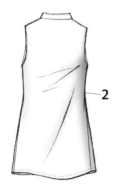

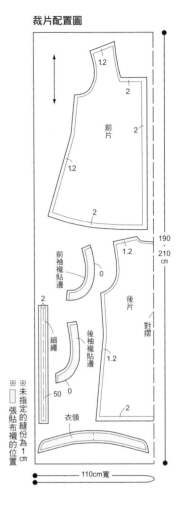

裁片配置圖

前片

前袖襱貼邊

後片

細繩

後袖襱貼邊

衣領

對摺

190・210cm

※未指定的縫份為1cm

※□張貼布襯的位置

110cm寬

7　細繩的接合法

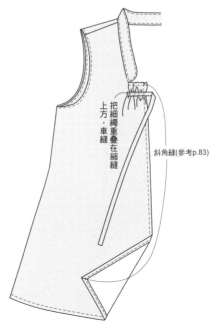

把細繩重疊在縮縫上方,車縫

斜角縫(參考p.83)

VEST BLOUSE

Style 6 背心罩衫

應用 **2** page 38

● **必備紙型（正面）**
後片、前片、衣領、後袖襱貼邊、前袖襱貼邊

● **材料**
表布＝140cm寬
(S、M)1m90cm
(ML、L)2m10cm
布襯＝110cm寬
(S、M)50cm
(ML、L)60cm

● **準備**
在前後袖襱貼邊、表衣領上布襯。
前後袖襱貼邊的背面進行M。
※M是「拷克(車布邊)」的簡稱。

● **縫法順序**

1　車縫肩線(縫份要2片一起進行M)。

2　車縫脇邊(縫份要2片一起進行M)。

3　將前上緣、前緣、下擺製成三摺邊後車縫(參考p.65)。

4　製作衣領並接合(參考p.62)。

5　車縫袖襱貼邊的肩線和脇邊，並將袖襱收邊。

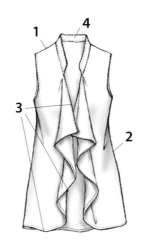

裁片配置圖

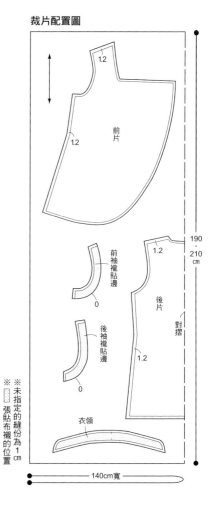

※未指定的縫份為1cm
※張貼布襯的位置

5　袖襱的縫法

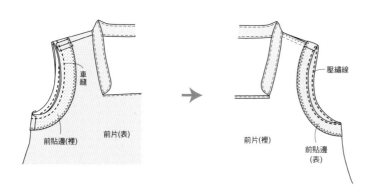

VEST BLOUSE

Style 6 背心罩衫

page 39

●必備紙型（正面）

後片、前片、袖褶飾邊、衣領、下前片、後袖襱貼邊、前袖襱貼邊

●材料

表布＝140cm寬

（S、M）1m80cm

（ML、L）2m10cm

配布＝90cm寬90cm

布襯＝110cm寬

（S、M）50cm

（ML、L）60cm

●準備

在前後袖襱貼邊、表衣領貼上布襯。

前後袖襱貼邊的背面進行M。

※M是「拷克（車布邊）」的簡稱。

●縫法順序

1　車縫脇邊（縫份要2片一起進行M）。

2　將前片、下前片的上緣、前緣、下擺製成三摺邊後車縫。

3　將前片和下前片重疊固定。

4　車縫肩線（縫份要2片一起進行M）。

5　製作衣領並接合（參考p.62）。

6　車縫袖襱貼邊，並夾住袖褶飾邊，將袖襱收邊（參考p.64）。

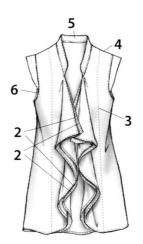

裁片配置圖（表布）

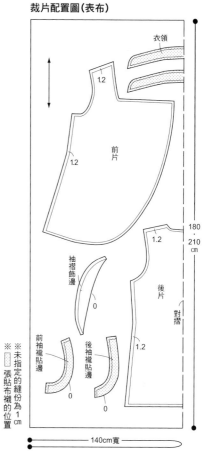

（配布）

1,2　前片和下前片的縫法

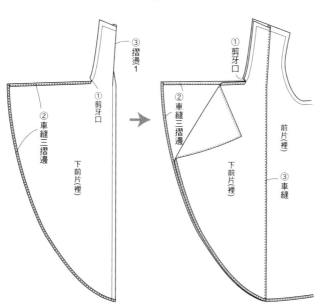

TIGHT SKIRT

Style 7 窄裙

基 本) page 6

●**必備紙型(背面)**
後片、前片、後腰圍貼邊、前腰圍貼邊

●**材料**
表布＝110cm寬
(S、M)1m20cm
(ML、L)1m30cm
布襯＝90cm寬35cm
隱形拉錬22cm1條
彈簧鉤1組

●**準備**
在前後腰圍貼邊、後掩襟、貼邊貼上布襯。
前後腰圍貼邊的背面、後中心的縫份、掩襟、
貼邊的縫份、前後下擺的縫份進行M。
※M是「拷克(車布邊)」的簡稱。

●**縫法順序**

1　車縫前後的腰褶(參考p.72)。
2　車縫後中心，縫上拉錬(參考p.67)。
3　車縫脇邊(縫份要2片一起進行M)。
4　車縫腰圍貼邊的脇邊，與裙片正面相向疊合，車縫腰圍(參考p.68)。
5　翻至表面，調整貼邊，並將貼邊的後緣盲縫於拉錬，車縫腰圍的周圍(參考p.68)。
6　將下擺往上摺燙，盲縫背面。
7　車縫開叉止縫點，盲縫縫份，避免掩襟、貼邊翻開。
8　縫上彈簧鉤。

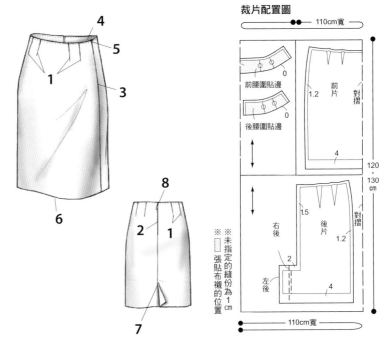

裁片配置圖

2,6,7　開叉的縫法

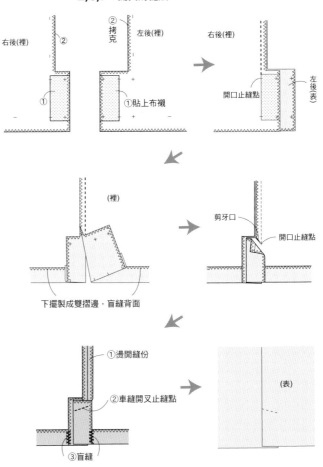

TIGHT SKIRT

Style 7 窄裙

page 7

● 必備紙型（背面）

後片、後脇邊、前片、前脇邊、後腰圍貼邊、前腰圍貼邊、口袋布

● 材料

表布＝110cm寬

（S、M）1m40cm

（ML、L）1m50cm

布襯＝90cm寬35cm

隱形拉鍊22cm1條

彈簧鉤1組

● 準備

在前後腰圍貼邊貼上布襯。

前後腰圍貼邊的背面、前後脇邊的縫份、前後下擺的縫份進行M。

※ M是「拷克（車布邊）」的簡稱。

● 縫法順序

1　將口袋布接合於前脇邊。

2　車縫前脇邊和前片、後脇邊和後片（縫份要2片一起進行M）。

3　車縫脇邊，縫上拉鍊。

4　車縫腰圍貼邊的右脇邊，與裙片正面相向疊合，車縫腰圍（參考p.68）。

5　翻至表面，調整貼邊，並將貼邊的左脇緣盲縫於拉鍊，車縫腰圍的周圍（參考p.68）。

6　將下擺往上摺燙，盲縫背面。

7　縫上彈簧鉤。

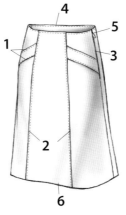

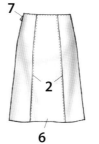

裁片配置圖

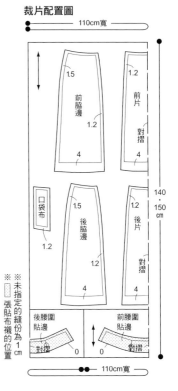

3　拉鍊的接合法

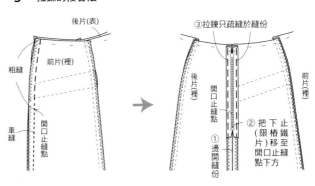

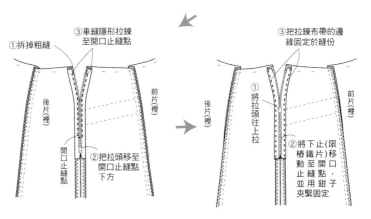

TIGHT SKIRT

Style 7 窄裙

page 8

●**必備紙型（背面）**
後片、前片、後腰圍貼邊、前腰圍貼邊

●**材料**
表布＝110cm寬
（S、M）1m40cm
（ML、L）1m50cm
布襯＝90cm寬35cm
隱形拉鍊22cm1條
彈簧鉤1組

●**準備**
在前後腰圍貼邊貼上布襯。
前後腰圍貼邊的背面、前後脇邊的縫
份、前後下擺的縫份進行M。
※M是「拷克（車布邊）」的簡稱。

●**縫法順序**

1　將前後下擺往上摺燙，摺燙出裙褶，車
　　縫。

2　車縫脇邊，縫上拉鍊（參考p.67）。

3　車縫腰圍貼邊的右脇邊，與裙片正面相向
　　疊合，車縫腰圍。

4　翻至表面，調整貼邊，並將貼邊的左脇緣
　　盲縫於拉鍊。

5　盲縫裙擺的背面。

6　縫上彈簧鉤。

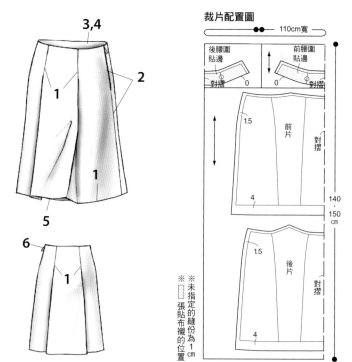

裁片配置圖

3,4　貼邊的縫法和腰圍的收邊

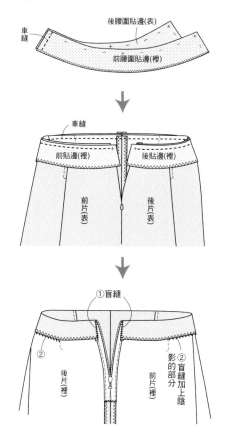

TIGHT SKIRT

Style 7 窄裙

page 9

●必備紙型(背面)
後片、前片、後脇邊、前脇邊、前下擺、前下擺、
後腰圍貼邊、前腰圍貼邊

●材料
表布＝110cm寬
(S、M)1m40cm
(ML、L)1m50cm
布襯＝90cm寬35cm
隱形拉鍊22cm1條
彈簧鉤1組

●準備
在前後腰圍貼邊、貼邊貼上布襯。
前後腰圍貼邊的背面、前後脇邊和拼接線的縫份進
行M。
※M是「拷克(車布邊)」的簡稱。

●縫法順序

1　車縫前脇邊和前片、後脇邊和後片(燙開縫
　　份)。

2　車縫脇邊，縫上拉鍊(參考p.67)。

3　車縫腰圍貼邊的右脇邊，與裙片正面相向疊
　　合，車縫腰圍。

4　翻至表面，調整貼邊，並將貼邊的左脇緣盲縫
　　於拉鍊。

5　車縫裙擺布，加上壓繡線並縫合(縫份要3片一
　　起M)。

6　縫上彈簧鉤。

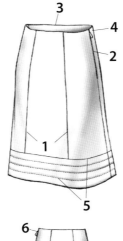

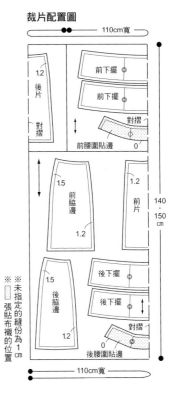

裁片配置圖

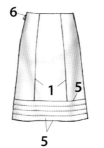

5　裙擺布的縫法

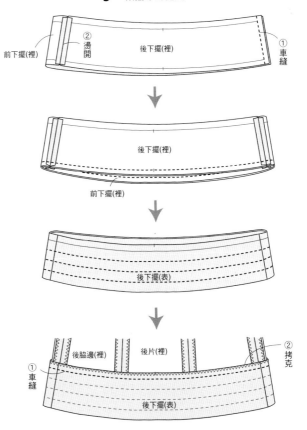

WRAPPED SKIRT

Style 8 一片裙

 page 12

●必備紙型（背面）
後片、前片、前貼邊、後腰圍貼邊、前腰圍貼邊

●材料
表布＝110cm寬
（S、M）1m40cm
（ML、L）1m50cm
布襯＝90cm寬60cm
直徑1.5cm的鈕扣2顆

●準備
在前貼邊、前後腰圍貼邊貼上布襯。
前貼邊、前後腰圍貼邊的背面進行M。
※M是「拷克（車布邊）」的簡稱。

●縫法順序

1 車縫前後的腰褶（參考p.72）。

2 車縫脇邊（縫份要2片一起進行M）。

3 車縫腰圍貼邊的脇邊。

4 將前貼邊和腰圍貼邊與裙片正面相向疊合，車縫腰圍與前緣。

5 翻至表面，調整貼邊。

6 將下擺製成三摺邊，車縫前緣、腰圍、下擺。

7 製作釦眼，縫上鈕釦。

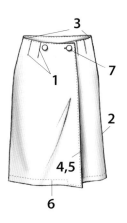

裁片配置圖

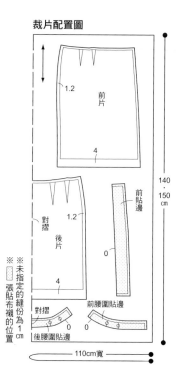

3~7 的縫法

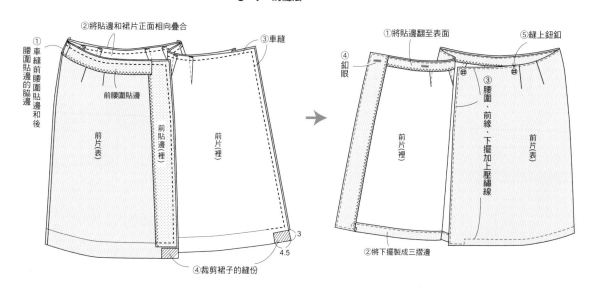

WRAPPED SKIRT

Style 8 一片裙

應用 **1** page 13

●**必備紙型(背面)**
後片、右前片、左前片、右前貼邊、左前貼邊、右前腰圍貼邊、左前腰圍貼邊、腰帶、後腰圍貼邊

●**材料**
表布＝140cm寬
(S、M)1m70cm
(ML、L)1m80cm
布襯＝90cm寬85cm
直徑1.5cm的鈕扣1顆
扣環(內徑4×2.5cm)1個

●**準備**
在前貼邊、前後腰圍貼邊貼上布襯。
前貼邊、前後腰圍貼邊的背面進行M。
※M是「拷克(車布邊)」的簡稱。

●**縫法順序**
1 製作腰帶。
2 車縫後腰圍的腰褶(參考p.72)。
3 車縫左前的腰褶(脇邊端要在腰帶接合位置夾上腰帶，並縫上褶)
4 車縫脇邊(縫份要2片一起進行M)。
5 車縫腰圍貼邊。
6 將前貼邊和腰圍貼邊與裙片正面相向疊合，車縫腰圍與前緣。
7 翻至表面，調整貼邊。
8 將下擺製成三摺邊，車縫前緣、腰圍、下擺。
9 製作釦眼，縫上鈕釦。

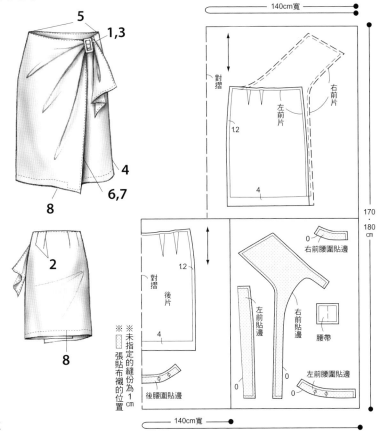

裁片配置圖

1 腰帶的製作方法

5～9 的縫法

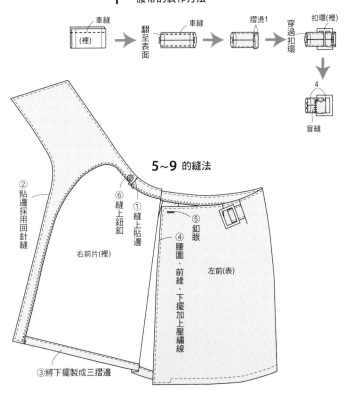

WRAPPED SKIRT

Style 8 一片裙

 **應用 2** page 14

●**必備紙型(背面)**
後片、前片、後腰圍貼邊、前貼邊、前腰圍貼邊、腰飾帶

●**材料**
表布＝140cm寬
(S、M)1m40cm
(ML、L)1m50cm
布襯＝90cm寬60cm

●**準備**
在前貼邊、前後腰圍貼邊貼上布襯。
前貼邊、前後腰圍貼邊的背面、前後裙片脇邊的縫份進行M。
※M是「拷克(車布邊)」的簡稱。

●**縫法順序**

1　車縫前後腰圍的腰褶。

2　車縫脇邊。

3　車縫腰圍貼邊的脇邊。

4　將腰飾帶的3邊製成三摺邊後車縫，並摺燙出裙片接合端的裝飾褶。

5　將前貼邊和腰圍貼邊與裙片正面相向疊合，夾入腰飾帶，並車縫腰圍與前緣(參考p.70)。

6　翻至表面，調整貼邊。

7　將下擺製成三摺邊，車縫前緣、腰圍、下擺。

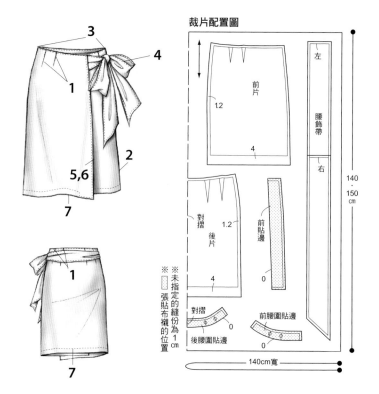

裁片配置圖

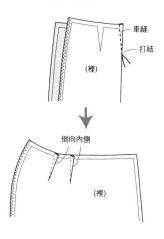

4～7 的縫法

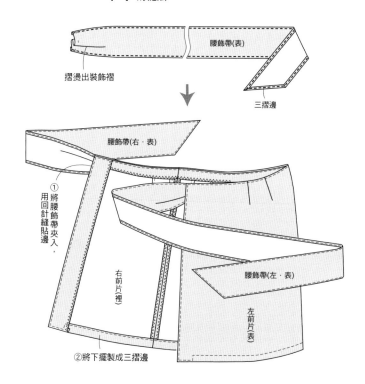

1　腰褶的縫法

WRAPPED SKIRT

Style 8 一片裙

應用 **3** page 15

●必備紙型（背面）

後片、前片、前貼邊、後剪接片(Yoke)、前剪
接片(Yoke)

●材料

表布＝110cm寬

(S、M)1m40cm

(ML、L)1m50cm

布襯＝90cm寬60cm

●準備

在前後剪接片、前貼邊貼上布襯。

前後裙片脇邊的縫份、前貼邊、前後腰圍貼邊
的背面進行M。

※M是「拷克(車布邊)」的簡稱。

●縫法順序

1　車縫後片的腰褶(參考p.72)。

2　製作口袋，縫上。

3　車縫前後裙片的脇邊(燙開縫份)。

4　將前裙片和前貼邊正面相向疊合，車
　　縫。

5　翻至表面，調整貼邊。

6　分別車縫表前後剪接片、裡前後剪接片
　　的脇邊(燙開縫份)。

7　將表剪接片和裙片正面相向疊合，車縫
　　(縫份倒向剪接片端)。

8　將表剪接片和裡剪接片正面相向疊合，
　　回針縫腰圍和前緣後，加上壓繡線。

9　將下擺往上摺燙，盲縫背面。

10　製作釦眼，縫上鈕釦。

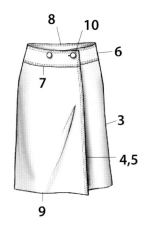

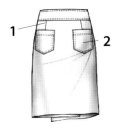

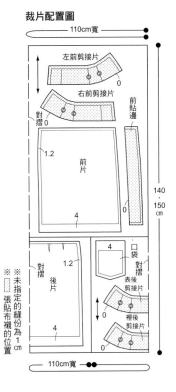

裁片配置圖

4～9 的縫法

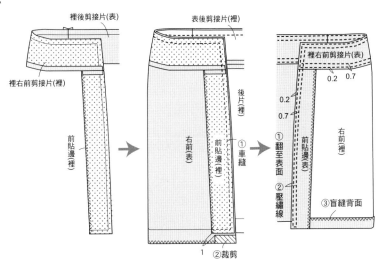

GATHER SKIRT

Style 9 細褶裙

基本 page 18

●必備紙型(背面)
前後片
●材料
表布＝110cm寬
(S、M)1m40cm
(ML、L)1m60cm
鬆緊帶＝1.5cm寬80cm
●準備
前後腰圍的縫份進行M。
※M是「拷克(車布邊)」的簡稱。
●縫法順序
1　車縫脇邊，在左脇邊製作鬆緊帶口
　　(縫份要2片一起M)。
2　將腰圍製成雙摺邊後車縫。
3　將下擺製成三摺邊後車縫。
4　將鬆緊帶穿過腰圍。

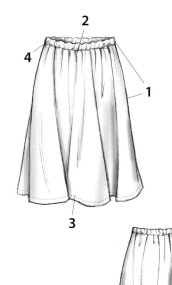

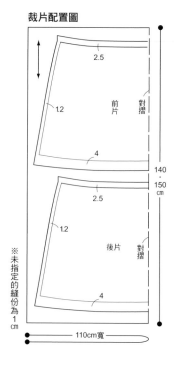

裁片配置圖

2.5

1.2　前片　對摺

4

2.5

1.2　後片　對摺

4

140・150 cm

※未指定的縫份為1cm

110cm寬

1,2　鬆緊帶口的縫法

②剪牙口

②車縫　　　　　　　車縫雙摺邊

鬆緊帶口

②車縫

後裙片(表)　①車縫　③拷克　前片(裡)

後裙片(裡)　①燙開縫份　前片(裡)

2

應用 **1**

2　拼合記號的縫法

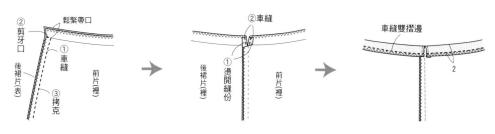

②加上縮縫

上層(裡)

①平均加上拼合記號

中層(裡)

74

GATHER SKIRT

Style 9 細褶裙

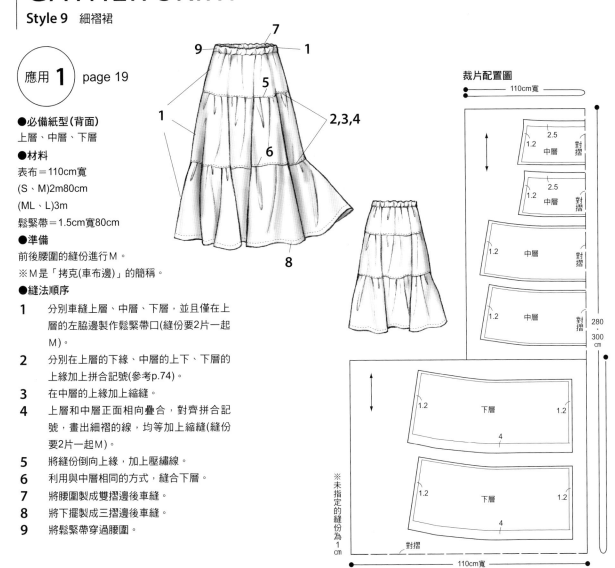

應用 **1** page 19

●必備紙型（背面）
上層、中層、下層

●材料
表布＝110cm寬
（S、M）2m80cm
（ML、L）3m
鬆緊帶＝1.5cm寬80cm

●準備
前後腰圍的縫份進行Ｍ。
※Ｍ是「拷克(車布邊)」的簡稱。

●縫法順序

1 分別車縫上層、中層、下層，並且僅在上層的左脇邊製作鬆緊帶口(縫份要2片一起Ｍ)。

2 分別在上層的下緣、中層的上下、下層的上緣加上拼合記號(參考p.74)。

3 在中層的上緣加上縮縫。

4 上層和中層正面相向疊合，對齊拼合記號，畫出細褶的線，均等加上縮縫(縫份要2片一起Ｍ)。

5 將縫份倒向上緣，加上壓繡線。

6 利用與中層相同的方式，縫合下層。

7 將腰圍製成雙摺邊後車縫。

8 將下擺製成三摺邊後車縫。

9 將鬆緊帶穿過腰圍。

裁片配置圖

3,4,5 細褶的抽縮方法與縫法

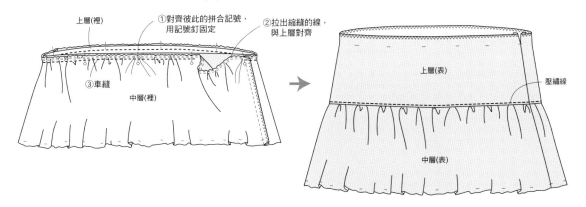

GATHER SKIRT

Style 9　細褶裙

應用 **2** page 20

●必備紙型(背面)
前後片、裡前後片

●材料
表布＝110cm寬
(S、M)1m40cm
(ML、L)1m50cm
裡布＝110cm寬
(S、M)1m
(ML、L)1m10cm
鬆緊帶＝1.5cm寬80cm

●準備
表前後腰圍的縫份進行M。
※M是「拷克(車布邊)」的簡稱。

●縫法順序

1　分別車縫表、裡裙片的脇邊，並且僅在表
　　裙片的左脇邊製作鬆緊帶口(參考p.74)。

2　在表裙片的下擺加上縮縫。

3　將表裙片和裡裙片正面相向疊合，挪動脇
　　邊，對齊拼合記號，車縫下擺。

4　翻至表面，對齊表裙片和裡裙片的脇邊，
　　將腰圍製成雙摺邊後，收邊。

5　將鬆緊帶穿過腰圍。

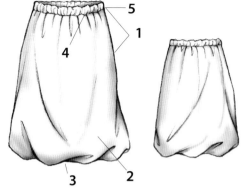

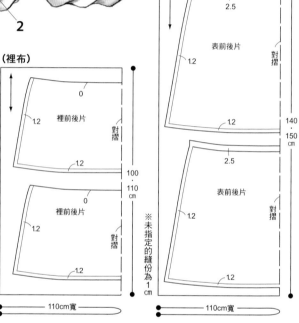

裁片配置圖(表布)

(裡布)

2　縮縫的方法

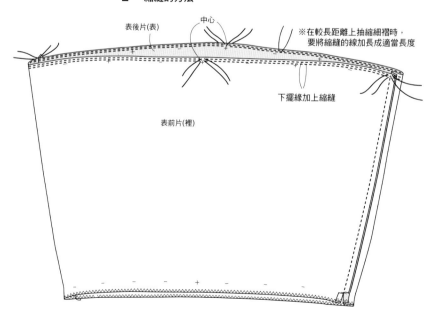

表後片(表)
中心
※在較長距離上抽縮細褶時，
要將縮縫的線加長成適當長度
下擺緣加上縮縫
表前片(裡)

GATHER SKIRT

Style 9　細褶裙

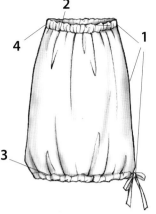

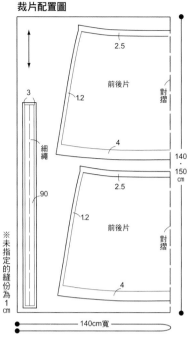

應用 **3**　page 21

●必備紙型（背面）

前後片

●材料

表布＝110cm寬

（S、M）1m30cm

（ML、L）1m50cm

鬆緊帶＝1.5cm寬80cm

●準備

前後腰圍的縫份進行M。

※M是「拷克（車布邊）」的簡稱。

●縫法順序

1　車縫脇邊，在左脇邊製作鬆緊帶口和細繩口（縫份要2片一起M）（參考p.74）。

2　將腰圍製成雙摺邊後車縫。

3　將下擺製成三摺邊後車縫。

4　將鬆緊帶穿過腰圍。

5　製作細繩，穿過下擺。

裁片配置圖

2.5

前後片

對摺

1.2

3

細繩

90

2.5

前後片

對摺

1.2

4

※未指定的縫份為1cm

140・150cm

140cm寬

應用 **2**

3　下擺的縫法

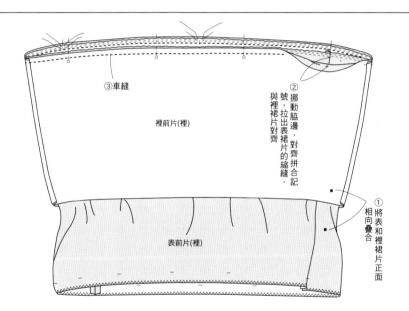

③車縫

裡前片（裡）

②挪動脇邊，對齊拼合記號，拉出表裙片的縮縫，與裡裙片對齊

①將表和裡裙片正面相向疊合

表前片（裡）

4　腰圍的縫法

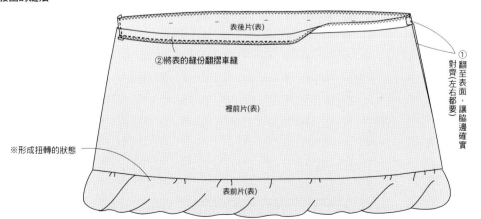

表後片（表）

②將表的縫份翻摺車縫

裡前片（表）

①翻至表面，讓脇邊確實對齊（左右都要）

※形成扭轉的狀態

表前片（表）

WIDE PANTS
Style10 寬腳褲

（基本） page 24

●**必備紙型（背面）**
後片、前片、後腰帶、前腰帶、掩襟、貼邊

●**材料**
表布＝110cm寬
（S、M）2m50cm
（ML、L）2m60cm
布襯＝90cm寬50cm
EFLON拉鍊12cm1條
風紀扣1組

●**準備**
在前後腰帶、掩襟、貼邊貼上布襯。
貼邊的縫份、前後裡腰帶背面的縫份、前後褲
片的脇邊、腿圍、下襠、下擺的縫份進行M。
※M是「拷克（車布邊）」的簡稱。

●**縫法順序**
1　摺燙出前片的裝飾褶。
2　車縫後片的腰褶（參考p.72）。
3　分別車縫前後片的立襠（前片縫至開口止
　　縫點為止）。
4　將貼邊和掩襟接合於前襟，縫上拉鍊。
5　車縫脇邊。
6　車縫下襠。
7　製作腰帶並縫上（參考p.86）。
8　製作腰帶環並縫上（參考p.80）。
9　將下擺往上摺燙，盲縫背面。
10　縫上風紀扣。

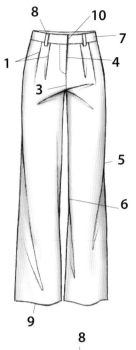

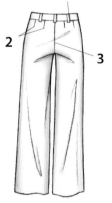

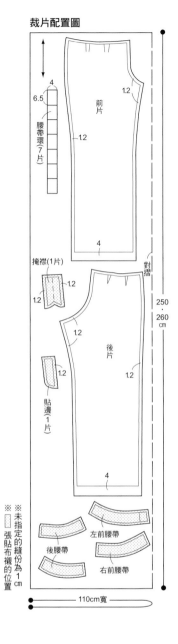

裁片配置圖

3,4　腿圍和前襟的縫法

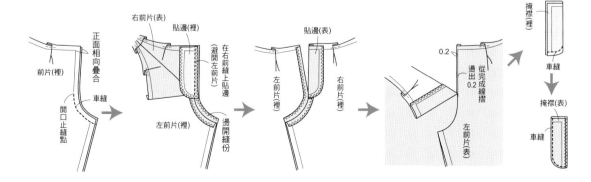

WIDE PANTS

Style10 寬腳褲

page 25

●必備紙型(背面)
後片、前片、後腰帶、前腰帶、口袋、袋蓋、
掩襟、貼邊

●材料
表布＝110cm寬
(S、M)2m
(ML、L)2m20cm
布襯＝90cm寬60cm
EFLON拉鍊12cm1條
風紀扣1組

●準備
在前後腰帶、掩襟、貼邊、袋蓋貼上布襯。
貼邊的縫份、前後裡腰帶背面的縫份、口袋的
縫份、前後褲片的脇邊、腿圍、下襠、下擺的
縫份進行M。
※M是「拷克(車布邊)」的簡稱。

●縫法順序
1 摺燙出前片的裝飾褶。
2 車縫後片的腰褶(參考p.72)。
3 車縫脇邊。
4 製作袋蓋和口袋並縫上(參考p.81)。
5 分別車縫前後的腿圍(前片縫至開口止縫
　點為止)。
6 將貼邊和掩襟接合於前襟，縫上拉鍊。

7 車縫下襠。
8 製作腰帶並縫上(參考p.86)。
9 製作腰帶環並縫上(參考p.80)。
10 將下擺往上摺燙，盲縫背面。
11 縫上風紀扣。

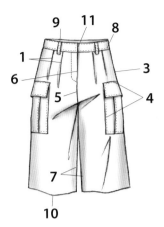

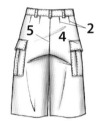

裁片配置圖

6　拉鍊的接合法

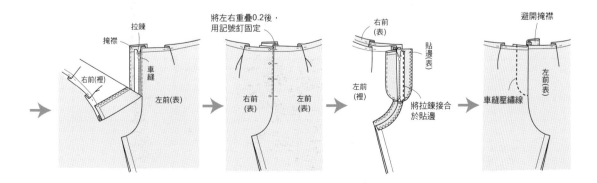

WIDE PANTS

Style10 寬腳褲

page 26

●必備紙型(背面)
後片、前片

●材料
表布＝110cm寬
(S、M)2m50cm
(ML、L)2m70cm
鬆緊帶＝2cm寬80cm

●準備
前後褲片的腰圍、腿圍、下襠、下擺的縫份進
行M。

※M是「拷克(車布邊)」的簡稱。

●縫法順序

1　分別車縫前後的腿圍。

2　車縫脇邊，並在左脇邊製作鬆緊帶口(縫
　份要2片一起M)(參考p.74)。

3　車縫下襠。

4　將腰圍製成雙摺邊後車縫。

5　將下擺往上摺燙，盲縫背面。

6　將鬆緊帶穿過腰圍。

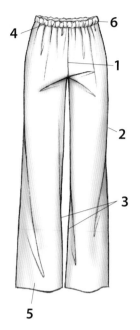

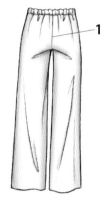

裁片配置圖

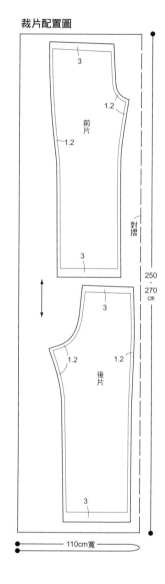

250
·
270
cm

110cm寬

應用 **3**

8　腰帶環的接合法

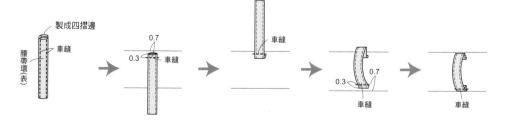

80

WIDE PANTS

Style10 寬腳褲

應用 3 page 27

●必備紙型（背面）
後片、前片、後腰帶、前腰帶、口袋、袋蓋、掩襟、貼邊、褲口

●材料
表布＝110cm寬
（S、M）2m
（ML、L）2m20cm
配布（伸縮布料）＝90cm寬40cm
布襯＝90cm寬60cm
EFLON拉鍊12cm1條
風紀扣1組

●準備
在前後腰帶、掩襟、貼邊、袋蓋貼上布襯。
貼邊的縫份、前後裡腰帶背面的縫份、口袋的縫份、前後褲片的脇邊、腿圍、下襠的縫份進行M。
※M是「拷克（車布邊）」的簡稱。

●縫法順序

1　摺燙出前片的裝飾褶。
2　車縫後片的腰褶（參考p.72）。
3　車縫脇邊。
4　製作袋蓋和口袋並縫上。
5　分別車縫前後的腿圍（前片縫至開口止縫點為止）。
6　將貼邊和掩襟接合於前襟，縫上拉鍊。
7　車縫下襠。
8　製作腰帶並縫上（參考p.86）。
9　製作腰帶環並縫上（參考p.80）。
10　車縫褲口並縫上（3片一起M）（參考p.58）。
11　縫上風紀扣。

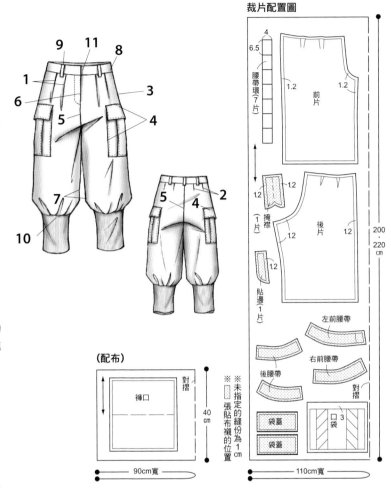

裁片配置圖

（配布）

4 袋蓋和口袋的製作與接合

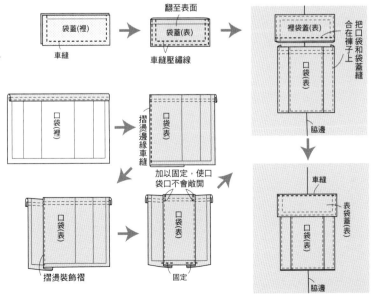

TIGHT STRAIGHT PANTS

Style11 休閒褲

 基本 page 30

● **必備紙型（背面）**

後片、前片、後腰圍貼邊、前腰圍貼邊、掩襟、貼邊

● **材料**

表布＝110cm寬
(S、M)2m20cm
(ML、L)2m40cm
布襯＝90cm寬50cm
EFLON拉鍊17cm1條
風紀扣1組

● **準備**

在前後腰圍貼邊、掩襟、貼邊貼上布襯。
貼邊的縫份、前後腰圍貼邊的背面、前後褲片的脇邊、腿圍、下襠、下擺的縫份進行M。
※M是「拷克(車布邊)」的簡稱。

● **縫法順序**

1　車縫前後片的腰褶(參考p.72)。
2　分別車縫前後片的腿圍(前片縫至開口止縫點為止)。
3　將貼邊和掩襟接合於前襟，縫上拉鍊(參考p.78)。
4　車縫脇邊。
5　車縫下襠。
6　車縫腰圍貼邊的後中心和脇邊，並縫上腰圍。
7　翻至表面，稍微調整貼邊。
8　將下擺往上摺燙，盲縫背面。
9　縫上風紀扣。

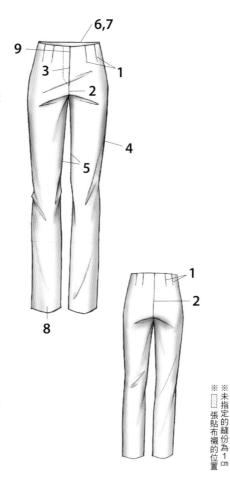

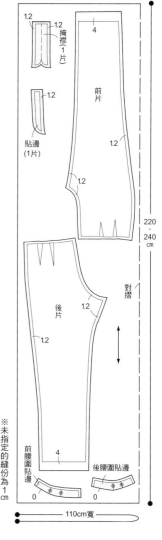

裁片配置圖

3　前襟的縫法

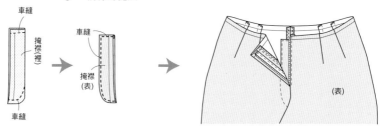

6,7　腰圍的收邊方法

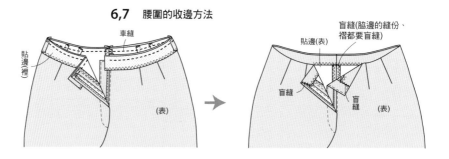

TIGHT STRAIGHT PANTS

Style11 休閒褲

應用 **1** page 31

●**必備紙型(背面)**
後片、前片、後腰圍貼邊、前腰圍貼邊、掩襟、
貼邊

●**材料**
表布＝110cm寬
(S、M)1m90cm
(ML、L)2m10cm
布襯＝90cm寬50cm
EFLON拉鍊17cm1條
風紀扣1組

●**準備**
在前後腰圍貼邊、掩襟、貼邊貼上布襯。
貼邊的縫份、前後腰圍貼邊的背面、前後褲片
的脇邊、腿圍、下襠、下擺的縫份進行M。
※M是「拷克(車布邊)」的簡稱。

●**縫法順序**

1 車縫前後片的腰褶(參考p.72)。
2 分別車縫前後片的腿圍(前片縫至開口止
   縫點為止)。
3 將貼邊和掩襟接合於前襟，縫上拉鍊(參
   考p.82、78)。
4 車縫脇邊。
5 車縫下襠。
6 車縫腰圍貼邊的後中心和脇邊，並縫上腰
   圍。
7 翻至表面，稍微調整貼邊。
8 摺燙開叉開口和下擺並盲縫(角要採斜角
   縫)。
9 縫上風紀扣。

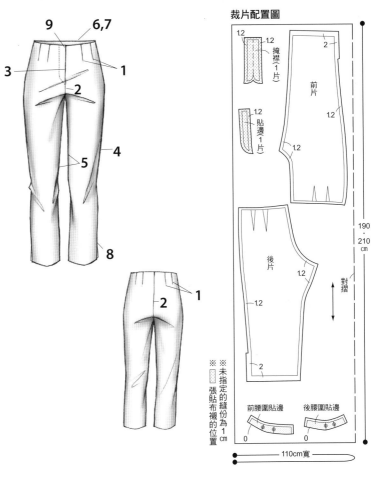

8　開叉開口的縫法

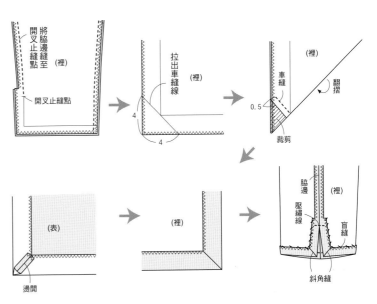

TIGHT STRAIGHT PANTS
Style11 休閒褲

應用 **2** page 32

●**必備紙型（背面）**
後片、前片、後腰圍貼邊、前腰圍貼邊、掩襟、
貼邊

●**材料**
表布＝110cm寬
（S、M）1m50cm
（ML、L）1m60cm
布襯＝90cm寬50cm
EFLON拉鍊17cm1條
風紀扣1組

●**準備**
在前後腰圍貼邊、掩襟、貼邊貼上布襯。
貼邊的縫份、前後腰圍貼邊的背面、前後褲片
的脇邊、腿圍、下襠、下擺的縫份進行M。
※M是「拷克（車布邊）」的簡稱。

●**縫法順序**

1 車縫前後片的腰褶（參考p.72）。
2 分別車縫前後片的腿圍（前片縫至開口止
縫點為止）。
3 將貼邊和掩襟接合於前襟，縫上拉鍊（參
考p.82、78）。
4 車縫脇邊。
5 車縫下襠。
6 車縫腰圍貼邊的後中心和脇邊，並縫上腰
圍（參考p.82）。
7 翻至表面，稍微調整貼邊。
8 將下擺往上摺燙後車縫。
9 將下擺翻摺。
10 縫上風紀扣。

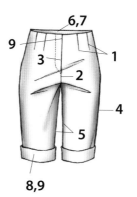

裁片配置圖

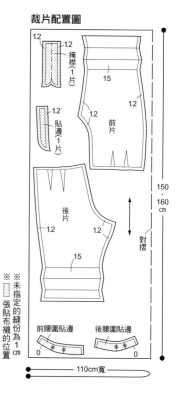

4,5 脇邊和下襠的縫法

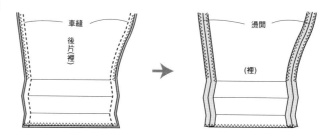

8,9 下擺的縫法

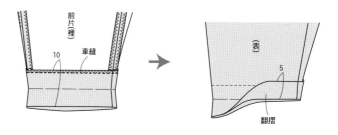

TIGHT STRAIGHT PANTS

Style11 休閒褲

(應用 **3**) page 33

●必備紙型(背面)
後片、前片、後腰圍貼邊、前腰圍貼邊、掩
襟、貼邊、褲口

●材料
表布＝110cm寬
(S、M)1m50cm
(ML、L)1m70cm
布襯＝90cm寬50cm
EFLON拉鍊17cm1條
直徑1.5cm的鈕扣6顆
風紀扣1組

●準備
在前後腰圍貼邊、掩襟、貼邊貼上布襯。
貼邊的縫份、前後腰圍貼邊的背面、前後褲片
的脇邊、腿圍、下襠的縫份進行M。
※M是「拷克(車布邊)」的簡稱。

●縫法順序

1 車縫前後片的腰褶(參考p.72)。
2 分別車縫前後片的腿圍(前片縫至開口止
縫點為止)。
3 將貼邊和掩襟接合於前襟,縫上拉鍊(參
考p.82、78)。
4 脇邊車縫至開口止縫點為止。
5 車縫下襠。
6 車縫腰圍貼邊的後中心和脇邊,並縫上腰
圍(參考p.82)。
7 翻至表面,稍微調整貼邊。
8 製作褲口並縫合。
9 在褲口製作釦眼,並縫上鈕扣。
10 縫上風紀扣。

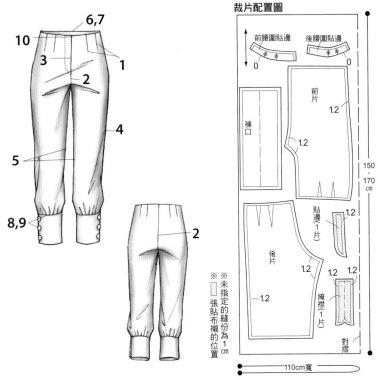

裁片配置圖

8,9 褲口的接合法

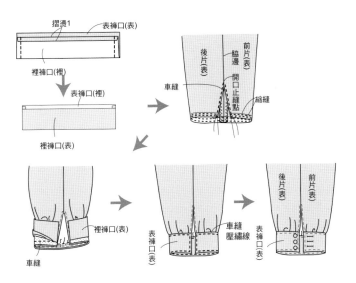

SLIM PANTS
Style12　窄版褲

基本) page 36

●必備紙型(背面)
後片、前片、後腰帶、前腰帶、掩襟、貼邊
●材料
表布＝110cm寬
(S、M)2m30cm
(ML、L)2m50cm
布襯＝90cm寬40cm
EFLON拉鍊15cm1條
風紀扣1組
●準備
在前後腰帶、掩襟、貼邊貼上布襯。
貼邊的縫份、前後裡腰帶背面的縫份、前後
褲片的腿圍、下擺的縫份進行M。
※M是「拷克(車布邊)」的簡稱。
●縫法順序
1　車縫前後片的腰褶(參考p.72)。
2　分別車縫前後片的腿圍(前片縫至開口止
　　縫點為止)。
3　將貼邊和掩襟接合於前襟，縫上拉鍊(參
　　考p.82)。
4　車縫脇邊(縫份要2片一起M)。
5　車縫下襠(縫份要2片一起M)。
6　製作腰帶並縫合。
7　將下擺往上摺燙，盲縫背面。
8　縫上風紀扣。

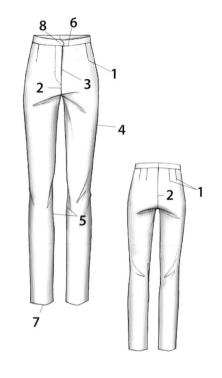

裁片配置圖

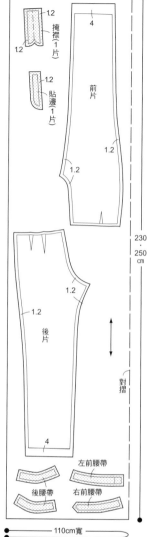

6　腰帶的接合法

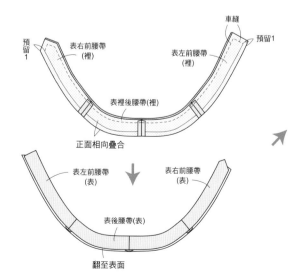

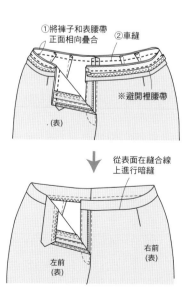

SLIM PANTS
Style12 窄版褲

應用 **1** page 37

●**必備紙型(背面)**
後片、前片、後腰帶、前腰帶、掩襟、貼邊

●**材料**
表布＝110cm寬
(S、M)2m40cm
(ML、L)2m60cm
布襯＝90cm寬40cm
EFLON拉鍊15cm1條
風紀扣1組

●**準備**
在前後腰帶、掩襟、貼邊貼上布襯。
貼邊的縫份、前後裡腰帶背面的縫份、前
後褲片的腿圍、下擺的縫份進行M。
※M是「拷克(車布邊)」的簡稱。

●**縫法順序**

1　車縫前後片的腰褶(參考p.72)。

2　分別車縫前後片的腿圍(前片縫至開口止縫點為止)。

3　將貼邊和掩襟接合於前襟，縫上拉鍊(參考p.82)。

4　在前縮縫位置加上縮縫，抽縮細褶。

5　車縫脇邊(縫份要2片一起M)。

6　車縫下襠(縫份要2片一起M)。

7　製作腰帶並縫合(參考p.86)。

8　將下擺往上摺燙，盲縫背面。

9　縫上風紀扣。

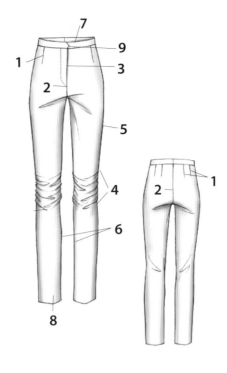

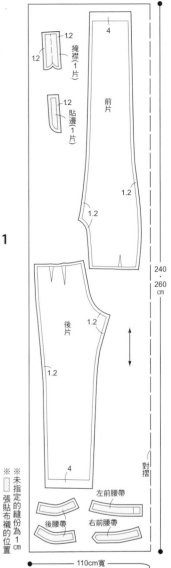

裁片配置圖

前片 掩襟(1片) 貼邊(1片) 後片 左前腰帶 右前腰帶 後腰帶

240・260cm

110cm寬

對摺

※ 張貼布襯的位置 ※ 未指定的縫份為1cm

4~6 縮縫的方法

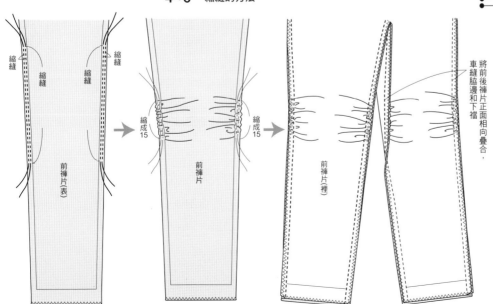

縮縫　縮縫　縮縫　縮縫
前褲片(表)

縮成15　縮成15
前褲片

前褲片(裡)

將前後褲片正面相向疊合，車縫脇邊和下襠

SLIM PANTS
Style12 窄版褲

應用 **2** page 38

●必備紙型（背面）
後片、前片、後腰帶、前腰帶、掩襟、貼邊

●材料
表布＝110cm寬
（S、M）2m50cm
（ML、L）2m60cm
布襯＝90cm寬40cm
EFLON拉鍊15cm1條
風紀扣1組

●準備
在前後腰帶、掩襟、貼邊貼上布襯。
貼邊的縫份、前後裡腰帶背面的縫份、前後褲
片的腿圍縫份進行M。
※M是「拷克（車布邊）」的簡稱。

●縫法順序
1　車縫前後片的腰褶（參考p.72）。
2　分別車縫前後片的腿圍（前片縫至開口止
　　縫點為止）。
3　將貼邊和掩襟接合於前襟，縫上拉鍊（參
　　考p.82）。
4　在前後下擺的縮縫位置加上縮縫，抽縮
　　細褶。
5　車縫脇邊（縫份要2片一起M）。
6　車縫下襠（縫份要2片一起M）。
7　製作腰帶並縫合（參考p.86）。
8　將下擺製成三摺邊後車縫。
9　縫上風紀扣。

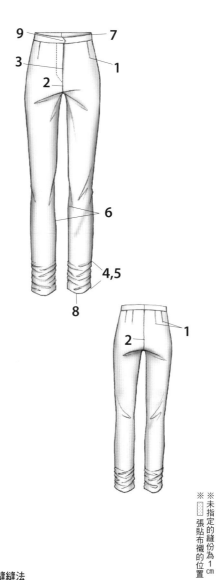

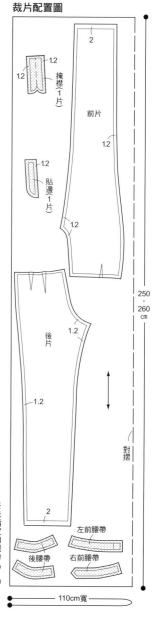

裁片配置圖

4～8　下擺的縮縫縫法

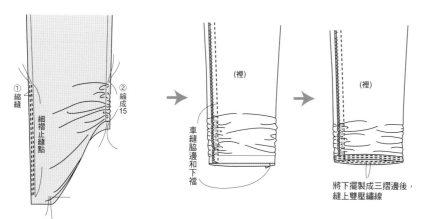

SLIM PANTS

Style12 窄版褲

應用 **3** page 39

●必備紙型（背面）
後片、後剪接片、前片、前下擺、膝蓋拼接布、後腰帶、前腰帶、掩襟、貼邊

●材料
表布＝110cm寬
(S、M)2m40cm
(ML、L)2m60cm
布襯＝90cm寬40cm
EFLON拉鍊15cm1條
風紀扣1組

●準備
在前後腰帶、掩襟、貼邊貼上布襯。
貼邊的縫份、前後裡腰帶背面的縫份、前後褲片的腿圍、下擺的縫份進行M。
※M是「拷克(車布邊)」的簡稱。

●縫法順序
1　車縫前片的腰褶（參考p.72）。
2　縫上後剪接片（縫份要2片一起M）。
3　分別車縫前後片的腿圍（前片縫至開口止縫點為止）。
4　將貼邊和掩襟接合於前襟，縫上拉鍊（參考p.82）。
5　摺燙膝蓋拼接布的裝飾褶。
6　將膝蓋拼接布接合於前片和前下擺（縫份要2片一起M）。
7　車縫脇邊（縫份要2片一起M）。
8　車縫下襠（縫份要2片一起M）。
9　製作腰帶並縫合（參考p.86）。
10　將下擺往上摺燙，盲縫背面。
11　縫上風紀扣。

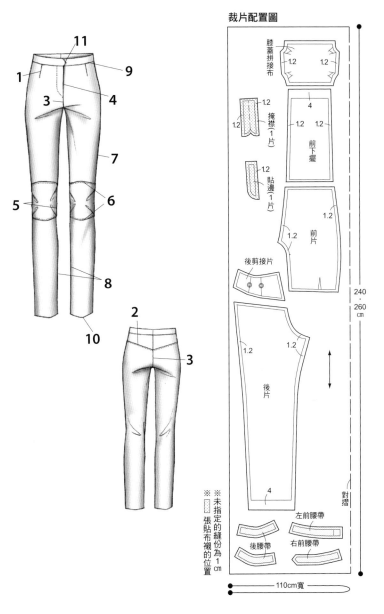

裁片配置圖

5～7　膝蓋拼接布的接合法

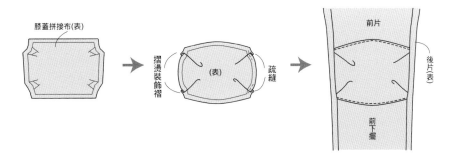

從 6 種版型學會 做 24 款外套

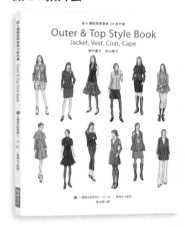

21X26cm
彩色
80 頁
定價 320 元

大玩紙型，時尚外套簡單做！

箱型外套・大衣・披肩……，一本就上手

這是一本製作外套的專書。

本書利用六種基本版型，變化出 24 款秋冬穿著的外搭，不論是保暖大衣，或是可搭配套裝的西裝外套，還是時髦的小披肩……通通都有收錄。讀者可從基本的款式來進行變化，只要衣領、口袋、領口的形狀……等稍有不同，就能夠瞬間改變形象！例如，在西裝外套加上下襬裙腰和垂瀑領，就能營造柔美風格，若是做出派內爾線，則會顯得帥氣又俐落。

書中所有款式，均搭配步驟圖解進行說明，此外還隨書附贈，6 種基本款式的原尺寸紙型。即使不那麼熟練也沒關係，只要活用紙型，跟著書中所指示 Step by Step 的製作，相信你一定可以縫製出個人訂製的手工外套！

從 8 種版型學會 做 32 款洋裝

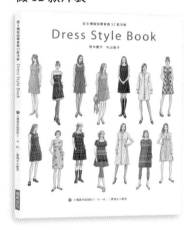

21X26cm
彩色
88 頁
定價 320 元

我是洋裝控，就是愛做小洋裝！

雖說洋裝概括而言就是一件式的連身裙，然而依照剪裁、材質的不同，可以變化出各種多元款式。不同的設計穿在身上，亦可以呈現出不同氣質。雪紡碎花營造溫柔小女人，襯衫式扣領帶有知性都會風格，罩衫洋裝最適合森林少女……。不論上班、約會、休閒時光，簡簡單單，就可以穿出各種風貌。貪求方便直接單穿，或是精細混搭配件都 OK，可說是在塑造整體造形中，不可或缺的單品。因此，每個女孩的衣櫃中，一定要有小洋裝！

本書介紹 8 種款式，包括高腰、低腰、A 字、罩衫式、襯衫式……等百搭實穿的基本造型。以此為基礎，在剪裁、配色、布料上做變化，延伸多種應用與變化。不論是胸前的碎褶，或是裙襬設計，領圍與袖籠的開口，只要有微幅的調整，就能變化整體的印象。

瑞昇文化　http://www.rising-books.com.tw

＊書籍定價以書本封底條碼為準＊

購書優惠服務請洽：TEL：02-29453191 或 e-order@rising-books.com.tw

每一款都溫馨！給寶寶的衣服與小物

18X26cm　　96 頁
彩色　　定價 280 元

本書依據零歲、一歲，媽媽使用的物品分為三大章節。媽媽使用的育兒物品，除了講求實用性，外形也相當雅致可愛，絕對可以成為照顧寶寶的好幫手！替家裡小小的新生命，溫柔手作衣服與小物吧！

給小朋友的手作布雜貨

21X26cm　　88 頁
彩色　　定價 300 元

不管是小女生喜歡的粉紅蝴蝶結包包，還是小男生愛不釋手的淘氣推土車個性提包，款式眾多且符合各人喜好。各式各樣的生活雜貨有萬用提包、書包、便當袋、束口袋…等。訂做一個自己的專屬包包吧！

人氣名師拼布包代表作

21X26cm　　160 頁
彩色　　定價 400 元

本書收錄每天都用得到的 112 款拼布手提包＆波奇小包！書中匯集了 25 位日本拼布界名師的代表作品，均以詳細插圖搭配原尺寸紙型講解製作方式。打開本書，從你最喜歡的風格開始拼縫吧！

二手衣學院一年級生

18.2X25.7cm　　96 頁
彩色　　定價 280 元

『已經退流行的舊款式不想再穿了』、『一時衝動所買的衣服其實根本不是我的 Style』、『舊衣物堆滿了我的衣櫃丟掉又很可惜』日本舊衣改造職人教您如何簡單又快速的完成一件舊衣的改造工程。

倉井美由紀教室機縫女裝筆記

21X26cm　　80 頁
彩色　　定價 300 元

日本手工藝名師來授課：本書作者為日本擁有多家裁縫教室的知名老師。只要打開本書，就可以學到老師多年經驗累積成的私房絕竅，坐在家裡就可以跟著名師學裁縫！並貼心附錄原尺寸紙型！

新手沒在怕！所有包包一次學會

18X26cm　　120 頁
彩色　　定價 320 元

即便你是像這樣的手作包初學者，仍然可以安心的享受手作樂趣！因為，本書所刊登的包款都附有紙型，方便各位讀者輕鬆製作，連縫製過程都透過彩色圖片，簡單易懂的進行解說喔！

小女生的裙裝＆褲子 24 款

21X26cm　　64 頁
彩色　　定價 280 元

將女兒打扮得像小公主一樣，是每個母親的夢想。親手挑選布料，進行裁縫……，依照自己的喜好與寶貝的性格，量身訂作專屬於她的服裝吧！媽媽們心動了嗎？快拿起針線縫製孩子的第一件手作服吧！

27 款清瘦穿搭手作裙

21X26cm　　64 頁
彩色　　定價 280 元

依據妳的喜好，裙子擁有多采多姿的穿搭法。我想任誰都想擁有幾件製作簡單，穿起來又漂亮的裙子。會縫製自己想要的裙子後，就可變化布料或長短再做一件。即使連新手也能輕鬆縫製裙子喔！

PROFILE

Dress design

野中慶子　Keiko Nonaka

昭和女子大學短期大學部初等教育學科畢業後，進入文化服裝學院，技術專攻科畢業。
曾任該學院講師，現在於文化服裝學院服裝設計科擔任教授。
獲頒財團法人衣服研究振興會第17回「衣服研究獎勵賞」。

Illustration

杉山葉子　Yoko Sugiyama

文化服裝學院服裝設計科畢業。
曾任該學院流行時尚設計畫講師，現在旅居於義大利的莫迪納。
以自由的流行時尚設計師、流行時尚畫家的身分活躍於義大利與日本。

TITLE

從12種版型學會做上衣裙子褲子

STAFF		ORIGINAL JAPANESE EDITION STAFF	
出版	瑞昇文化事業股份有限公司	発行者	大沼　淳
作者	野中慶子	ブックデザイン	岡山とも子
	杉山葉子	布地撮影	安田如水（文化出版局）
譯者	羅淑慧	デジタルトレース	福島知子
監譯	大放譯彩翻譯事業有限公司	パターングレーディング	上野和博
		校閲	向井雅子
總編輯	郭湘齡	作り方解説	黒川久美子
責任編輯	王瓊苹	協力	文化学園ファッションリソースセンター
文字編輯	林修敏　黃雅琳	編集協力	山﨑舞華
美術編輯	謝彥如	編集	平山伸子（文化出版局）
排版	六甲印刷有限公司		
製版	明宏彩色照相製版股份有限公司		
印刷	皇甫彩藝印刷股份有限公司		
戶名	瑞昇文化事業股份有限公司		
劃撥帳號	19598343		
地址	新北市中和區景平路464巷2弄1-4號		
電話	(02)2945-3191		
傳真	(02)2945-3190		
網址	www.rising-books.com.tw		
Mail	resing@ms34.hinet.net		
本版日期	2017年11月		
定價	320元		

國家圖書館出版品預行編目資料

從12種版型學會做上衣裙子褲子 / 野中慶子,
杉山葉子作；羅淑慧譯. -- 初版. -- 新北市：
瑞昇文化, 2014.05
96面；26*21　公分
譯自：Blouse,skirt & pants style book：パタ
ーンのバリエーションを楽しむ
ISBN 978-986-5749-43-9(平裝)

1.服裝設計　2.女裝

423.23　　　　　　　　　　　10300707